南方蔬菜周年生产技术丛书

# 萝卜周年生产技术

主　编
张雪清

副主编
张小康　代明伟

编著者
张雪清　张小康　代明伟
熊秋芳　张贵生　王春丽

金盾出版社

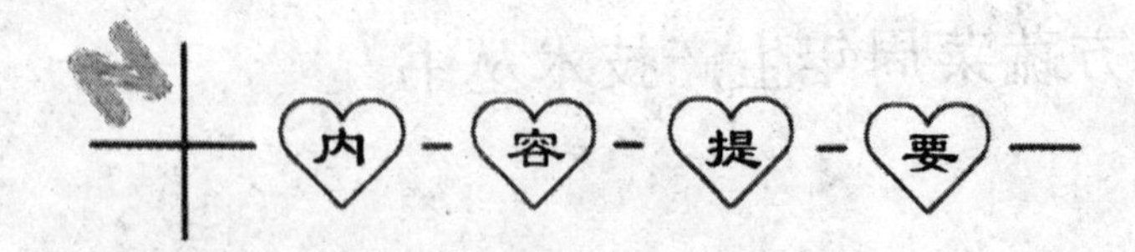


本书由武汉市蔬菜科学研究所张雪清高级农艺师组织编著。系统地介绍了萝卜一年四季的栽培技术，有利于解决了我国萝卜供应中的“秋淡”和“春淡”问题，从而实现萝卜周年生产、周年供应。本书文字通俗易懂，内容实用、可操作性强，适合萝卜生产专业户、农业技术员阅读参考。

**图书在版编目(CIP)数据**

萝卜周年生产技术/张雪清主编. -- 北京：金盾出版社，2013.3

(南方蔬菜周年生产技术丛书/谭本忠主编)

ISBN 978-7-5082-7164-4

Ⅰ.①萝… Ⅱ.①张… Ⅲ.①萝卜—蔬菜园艺 Ⅳ.①S631.1

中国版本图书馆 CIP 数据核字(2013)第 041017 号

**金盾出版社出版、总发行**

北京太平路 5 号(地铁万寿路站往南)

邮政编码：100036 电话：68214039 83219215

传真：68276683 网址：www.jdcbs.cn

封面印刷：北京印刷一厂

彩页正文印刷：北京燕华印刷厂

装订：北京燕华印刷厂

各地新华书店经销

开本：850×1168 1/32 印张：5.125 彩页：4 字数：87 千字

2013 年 3 月第 1 版第 1 次印刷

印数：1～7 000 册 定价：12.00 元

萝芥

萝芥组合1

萝芥组合2

深沟高畦

梳子（沟型）

高山萝卜栽培情况

播种距离

叉根

糠心

萝卜缺硼黄心

黑腐病

地下害虫

# 序

蔬菜是人们日常生活必不可少的食物,富含多种营养元素和许多保健、食疗的有益成分。随着我国社会经济的发展,人民生活水平不断提高,蔬菜对保障人们的身体健康、改善物质生活和精神生活、提高人们的生活质量的作用越来越受到人们的关注,人们对蔬菜产品的需求正在向着周年生产、周年供应的方向发展。

60 年来,武汉市蔬菜科学研究所逐渐形成了门类较为齐全的学科。主要研究对象涉及以莲藕、茭白、芋头等为重点的水生蔬菜,以萝卜、茄子、丝瓜、小白菜等为重点的旱生蔬菜,以及蔬菜的主要病虫害,在蔬菜作物的基础应用研究方面取得了一系列的重要成果。为了进一步推动南方蔬菜周年生产的发展,满足广大消费者的需求,为农村产业结构调整提供更好的服务,我们组织部分科技工作者与金盾出版社联袂推出"南方蔬菜周年生产技术丛书"。

该丛书包括《茄子周年生产技术》《番茄周年生产技术》《辣椒周年生产技术》《瓠瓜周年生产技术》《丝瓜周年生产技术》《黄瓜周年生产技术》《苦瓜周年生产技术》《毛

豆周年生产技术》《豇豆周年生产技术》《甘蓝周年生产技术》《小白菜周年生产技术》《莴苣周年生产技术》《萝卜周年生产技术》《菜豆周年生产技术》《苋菜周年生产技术》《莲藕周年生产技术》《芋头荸荠慈姑周年生产技术》《茭白周年生产技术》《菱角芡实周年生产技术》和《蕹菜水芹豆瓣菜莼菜周年生产技术》20个分册。

丛书的编写力求达到文字简练，通俗易懂，内容丰富，理论与实践紧密结合，技术先进实用，可操作性强。适合农业技术推广人员、广大菜农及大力发展蔬菜生产的大农作区种植业者阅读参考。因水平有限，书中难免有不妥和错误之处，敬请读者和同行专家批评指正。丛书参考了大量的文献资料，对相关作者表示诚挚的谢意。

谭本忠

目录

# 第一章

# 萝卜周年生产意义

在我国，萝卜是栽培历史悠久的大众化蔬菜，迄今已有2 700多年的栽培史。萝卜全身都是宝，肉质根、叶、种子富含多种维生素、氨基酸和矿物质。萝卜肉质根生食、熟食、加工皆宜，生用味辣、性寒，熟用味甘、性微凉。叶则以炒食和凉拌为主，还可以做蔬菜汁和沙拉，具有较高的营养价值和药用价值。在我国民间，萝卜素有"土人参"之美誉，关于萝卜的谚语也非常多，比如"晚吃萝卜早吃姜，不劳医生开药方"、"萝卜进了城，药铺要关门"、"上床萝卜下床姜，一年四季都健康"，可见人们对萝卜的喜爱以及萝卜食疗作用的肯定。

常食萝卜对人体确实是有好处的。《本草纲目》中记载："萝卜能下气，定喘，治痰，消食，除胀，利大小便。"据现代医学分析，萝卜里含有芥子油、硫代葡萄糖苷、各种氧化酶等活性物质，有利于胃肠蠕动和健康，增进食欲，帮助消化。除此之外，以萝卜为原料，与其他食用植物可以配成近100样菜肴，可制成各种小菜60种以上，可配制针对各种疾病的医疗药物120多种。

# 第一章

## 萝卜周年生产意义

亚洲习惯食用萝卜的国家很多，如日本、韩国、印度、东南亚各国。在日本，萝卜是蔬菜中很重要的一种，萝卜每年栽培面积和消费量都排在前两位，日本除本国生产外，还大量从中国进口鲜萝卜及加工半成品，带动我国的高山反季节蔬菜种植，其在中国、日本各地建立很多生产萝卜芽菜工厂，使日本基本上一年四季都有新鲜萝卜和萝卜芽菜供应，足见日本人对萝卜及萝卜芽菜的喜爱。

我国各地气候差异很大，有的冬季极度严寒，有的夏季高温难耐，有的春季阴雨连绵，这些气候条件的制约，加上新品种和新技术推广应用的滞后给萝卜周年生产、周年供应带来困难，使我国萝卜生产主要集中秋、冬两个季节，从而产生了萝卜生产供应的“春淡”和“秋淡”。

“春淡”指的是2～5月份，市场上蔬菜出现断档，大部分蔬菜均无法在该季节上市。造成“春淡”期间萝卜无法上市的原因主要有两个：一是没有适合冬季种植的耐寒性强、耐抽薹的优良品种；二是没有相应的完善栽培技术，使得良种没有良法，现有落后的生产模式不能配合萝卜在冬季顺利越冬、春季顺利上市。

“秋淡”主要集中发生在长江流域，因该地区夏季高温、干旱、暴雨时有发生，给蔬菜栽培带来很大的影响，使得大部分不耐热、不抗逆的品种无法生长，即使生长出来，商品性和品质也较差，萝卜耐热的品种较少，特别是耐40℃高温的品种更少，因此萝卜在“秋淡”时期也无法大量供应市场。

针对以上情况，武汉市农业科学院蔬菜研究所从20世纪70年代开始制定系列萝卜新品种选育计划，为了完成选育工作，先后承担了国家科技支撑计划、湖北省科技攻关项目、武汉市科技攻关项目9项，为了推广项目成果，先后承担国家星火计划项目、湖北省成果转化项目、武汉市成果推广项目共5项，同时结合成果的推广，分别制定了《春夏萝卜栽培技术规程》《夏秋萝卜栽培技术规程》《冬春萝卜栽培技术规程》《无公害萝卜栽培技术规程》。近40年的工作共选育出冬春萝卜品种(冬春一号、春白二号、四月白、武蔬春雪、汉春一号等)、春夏萝卜品种(春红一号)、夏秋萝卜品种(双红一号、夏抗40天、红宝)、秋冬萝卜品种(武青一号、三白萝卜、60早生、中秋白、汉白萝卜)、加工类型萝卜品种(武青一号、武渍一号)、晚冬萝卜品种(武杂五号)等系列萝卜新品种。这些萝卜新品种的选育成功标志着萝卜一年四季均可栽培，最终实现了萝卜的周年生产、周年供应的格局。

# 第二章 萝卜的生物学特性

## 第一节 植物学特征

萝卜又名莱菔、罗服，原产于我国，栽培类型丰富，具有多种药用价值。萝卜为1～2年生草本植物，十字花科萝卜属，各品种之间性状差异大，按根、叶、花、果分类介绍如下。

### 一、根部性状

萝卜根形主要分为长圆柱形、短圆柱形、卵形、纺锤形、圆形、圆锥形等，有的品种（如野生萝卜）没有肉质根，不同品种根长在5～50厘米，根粗5～15厘米，根部颜色主要分为全青皮、半青皮、白皮、紫皮、红皮、黑皮等类型，根肉颜色主要分为青、红、紫、白等类型。

## 二、叶部性状

萝卜叶型主要分为花叶(裂叶)、板叶、半花叶(中间型),叶色有深绿色、浅绿色,叶脉色有浅绿色,红色,不同品种叶长在8～35厘米,叶宽在5～13厘米,叶脊生刺毛。叶丛生长状态分直立(>45°)、半直立、平展、塌地型。

## 三、花部性状

萝卜花为总状花序,顶生及腋生,花色主要分为白色、紫色、粉红色,花部直径1.5～2厘米,花梗长5～15毫米,花萼片椭圆形,长5～7毫米,花瓣倒卵形,长1～1.5厘米。

## 四、果荚性状

萝卜荚果为长角果,果荚中间有海绵质隔断,成熟果荚腹部膨大,顶部尖,长3～8厘米,宽1厘米左右,荚果皮厚,内藏种子1～7粒,种皮颜色主要分为黄色、红色、褐色。种皮薄,易脱落,种子千粒重为7～13克。

# 第二节　生长与发育

萝卜生长发育阶段分为两个大阶段,一是营养生长阶段，二是生殖生长阶段。栽培萝卜品种在营养生长阶段，萝卜肉质根逐渐膨大、发育成型；在生殖生长阶段，萝卜肉质根生长逐渐减缓，直至停止，肉质根内部营养物质缓慢消耗以供本体生殖生长需要，具体就表现为根部“空心”、“糠心”现象，此时花薹开始长出，孕育出花蕾，而后花薹逐渐抽长，花蕾开花，受精，结实，果荚成熟。

部分野生萝卜品种营养生长阶段时间短，肉质根基本不发育，直接进入生殖生长，因而抽薹期较早。

不同萝卜品种生长和发育差异很大，耐抽薹性强的冬春萝卜品种，能够耐住较低温度而不抽薹，其整个营养生长周期长达 4～5 个月，究其原因是因为冬季气温低，植物营养吸收和转化速度慢，造成萝卜肉质根生长缓慢，营养积累时间远远长于其他季节。夏秋早熟萝卜品种在 7 月份种植，仅 45 天后就达到成熟期，可以采收。所以，针对不同萝卜品种应采取不同的栽培和管理方法。

现将萝卜的生长和发育过程分为以下几个具体阶段，并注明各阶段应注意的事项。

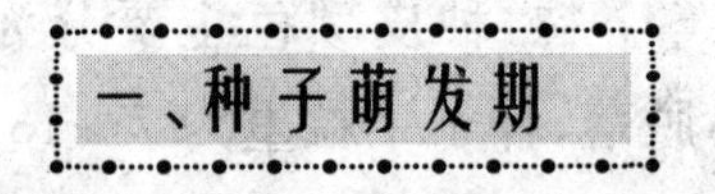

## 一、种子萌发期

该阶段萝卜种子在吸足水分后，在合适的温度、湿度环境下，呼吸作用加剧，种皮变软，胚根生长，胚轴和胚芽也开始生长，直到 2 片子叶展开，真叶显露，主根下扎，完

成种子萌发阶段。

## 二、幼苗期

真叶的长出表明幼苗期的开始、萝卜在幼苗期生长迅速，一般15～20天可以长出6～10片真叶，主根部不断下扎，完成“破肚”过程，苗端继续分化叶原基，新的叶序不断长出，在12～15片叶时，标志着萝卜幼苗期的结束。

## 三、肉质根膨大期

这个时期萝卜叶片面积增速减缓，根部生长加快，开始膨大。在肉质根膨大前期，肉质根内三生构造开始出现，同时薄壁细胞大量生成，促使肉质根逐渐膨大，膨大期前15～20天，可看到萝卜肉质根地上部分粗于顶部，这一现象一般称为“露肩”，从“露肩”到肉质根的完全形成一般需要40～50天(秋季)。在肉质根膨大后期，肉质根地下部开始膨大，俗称“收尾”或“圆腚”，此时根部内部干物质开始积累，各种营养物质开始大量生成，叶片总数不再增加，光合作用大部分为干物质的生成提供能量。

从上面的内容可以看出，萝卜肉质根的形成主要分为两个阶段，第一阶段为“破肚”至“露肩”，称为膨大前期，第二阶段为“收尾”，称为膨大后期。这两个阶段组成完整的萝卜肉质根发育周期，对环境和养分的要求较为严格,需要注意以下几点。

第一,保持土壤干湿均衡。土壤墒情影响肉质根的发育,对根的大小、表皮、外形都有影响。在膨大时期土壤长期干旱易造成萝卜根部表皮开裂、多褶皱、根型短小。土壤太潮湿易造成萝卜的徒长、变形、须根多,黑腐病、霜霉病病害严重。

第二,加强光照。在萝卜肉质根形成阶段,充足的光照十分重要,长时间的光照有利于营养物质的转化和干物质的积累,对于萝卜的单根重、风味、维生素含量、矿物质含量都有很大的影响。

第三,注意温度调节。萝卜为半耐寒性作物,喜温,较耐低温。目前通过杂交育种技术,也选育出可耐 40℃高温和－5℃低温的萝卜品种,但是绝大部分萝卜品种只适应 10℃～25℃的温度。萝卜在幼苗期可以耐受－1℃～－2℃的低温,但时间不能太长,否则易使植株通过春化阶段,引起苗期抽薹。萝卜肉质根成熟后,其耐受低温能力有所提高,一般可以耐受－5℃低温 10 天左右,但长时间低温易造成根部冻害。需要注意的是,夏季栽培品种和一些水萝卜品种,其耐寒性非常差,如遇低温,极易造成植株冻死和引发先期抽薹的情况。

第四,保证土肥需求。萝卜肉质根发育时期对土肥要求较高,氮、磷、钾肥应保证充足、均衡,如果肥力不够,肥效达不到,易造成根形发育不良,影响外观品质,造成

减产。萝卜在肉质根发育盛期时对磷、钾肥需求较大，如果基肥未施充足，可以在后期补充追施部分磷、钾肥。另外一点就是硼肥的施用，硼元素对萝卜肉质根的品质、产量都有较大影响，其需求量虽然不大，但如果土壤缺少硼，容易造成萝卜的黄心、空心、发育不良的情况，大面积缺硼易造成连片的重大损失，因此硼肥的施用应当注意。

## 四、收获期

在肉质根完全成型后，即可采收，也可根据市场行情和需求择期采收，根据种植品种和种植季节不同，一般冬春晚熟耐寒长根型萝卜收获期可以延迟 30 天左右。秋季红、白皮中熟品种一般可延迟 10 天左右采收。夏季早熟型品种成熟即应采收，延期易导致糠心。

## 五、贮藏期

萝卜在长江流域以及以南地区一年四季均可种植，均有上市，无须贮藏。北方冬季气温极低，萝卜无法露地越冬种植和保存，萝卜需要先收获，存于地窖，用于冬季食用。我国南方地区高山蔬菜的开发使冷藏这一方法也应用到南方的蔬菜生产中来，高山蔬菜产量中有 20%～30%为萝卜，其运输至平原地区需要 2～3 天，萝卜在路途中极易腐烂、糠心，目前高山蔬菜生产主要采用收获后进入冷库－2℃～－3℃低温预冷处理24小时，降低萝卜的呼吸效应，让萝卜进入一个假冬眠的状态，然后用塑膜包装，这样就可以保证3～5天不会糠心变质。

## 第三节　对环境条件的要求

萝卜为半耐寒性植物。种子在2℃～3℃时开始发芽，适温为20℃～25℃。夏季萝卜的幼苗能耐35℃左右的较高温度，冬季萝卜的幼苗能耐－2℃～－3℃的低温。这是安排种植季节的主要依据。萝卜茎叶生长的温度范围比肉质根生长的温度范围广，为5℃～25℃，生长适温为15℃～20℃，而肉质根生长的温度范围为6℃～25℃，适宜温度为18℃～20℃。所以，萝卜营养生长期的温度以由高到低为好，前期温度高，出苗快，可形成繁茂的叶丛，为肉质根的生长打下基础，此后温度逐渐降低，有利于光合产物的储积。当温度逐渐降到6℃以下时，植株生长微弱，肉质根膨大已渐趋停止，即至采收期。当温度低于－1℃时，肉质根就会受冻。此外，不同类型品种的萝卜，其适应的温度范围也不一样。例如，四季萝卜和夏秋萝卜类，肉质根生长能适应的温度范围较广，为6℃～23℃。根据这个规律，我们就可以将不同类型的萝卜品

种安排在不同的季节栽培，以达到周年供应的目的。

## 二、光 照

萝卜肉质根的膨大要建立在地上部叶片的旺盛生长、光合产物大量积累的基础上。如果在光照不足的地方栽培或株行距过密、植株得不到充足的光照，碳水化合物的积累就少，肉质根膨大慢，产量就降低，品质也差。因此，在苗期和生长期，都要注意合理栽植密度。

萝卜属于长日照植物。完成春化后，在长日照(12 小时以上)及较高的温度条件下，花芽分化及花枝抽薹都较快。因此萝卜春播时容易发生未熟抽薹现象，秋播时肉质根膨大较慢。

## 三、水 分

萝卜是需水量多的植物，萝卜的肉质根含水量在91％～95％以上。

萝卜在不同的生长阶段对水分的要求也不同。播种时要供应充足的水分，才能发芽迅速，出苗整齐。幼苗至“破肚”前一段时间要少浇水，以利于直根深扎入土层。叶旺盛生长期，要适量的浇水，以保证叶片的生长。到肉质根生长盛期，要保证土壤湿润，防止忽干忽湿。这时如果水分供应不足，不仅影响肉质根的膨大，也将使须根增多、质地粗糙，导致糠心；土壤水分过多，应及时进行排水，以防止腐烂病的发生。地膜覆盖栽培可以节水保水，是高山种植的一种较好的方法。

## 四、土 壤

土壤是萝卜生长发育的场所。除作为芽菜栽培的萝卜芽可用无土栽培外，萝卜生长发育所需的水分、养分、空气、湿度等因素，有的直接靠土壤供给，有的受土壤所制约，两者关系十分复杂而密切。萝卜对土壤的总的要求是：土壤肥沃、土层深厚、疏松透气、排水良好、沙壤为宜。

# 第三章 萝卜的栽培品种与栽培季节

## 第一节　类型与品种

由于萝卜栽培历史悠久,目前已选育出许多适合不同地域栽培的优良品种。萝卜按根形可分为长、圆、卵圆、圆筒、圆锥形等;按用途特点的不同可分为生食、熟食、加工型等;按生长期的长短可分为早、中、晚熟品种。在栽培学上多按栽培季节(播种至收获)进行分类,分为:春夏萝卜、夏秋萝卜、秋冬萝卜、冬春萝卜、四季萝卜。

### 一、春夏萝卜

春夏萝卜主要分布在长江流域的武汉、上海、南京、杭州等地,近年来湖南的新化、辰溪,江西、四川及安徽南部等地也有种植。根据各地的气候条件,春夏萝卜从2月上旬开始一直可播到3月上旬,4～6月份采收,一般生育期40～60天,为晚抽薹品种。这一栽培季节温度由低到高，前期温度较低，极易满足萝卜的春化要求，后期温度较高，又是长日照，符合萝卜生长对温度和光照的要求。在这一季节栽培萝卜，要特别注意选择冬性和强冬性且前期较耐低温、生长期短、生长快的品种。代表品种有白玉春、春红一号、汉红春等。

## 二、夏秋萝卜

夏秋萝卜在我国南方地区如武汉、上海、南京、重庆、长沙及广州等地夏初（6 月底）播种，夏末或者秋季采收。生育期 50～60 天，南方地区均可选择这一栽培季节。这一时期南方多伴随高温暴雨，病虫害极易发生，因此这一类型萝卜是耐热、耐湿、抗病性强、生长速度较快的早中熟品种。代表品种有双红一号、短叶 13、夏抗 40 天、红宝、马耳等。

## 三、秋冬萝卜

秋冬萝卜多秋季播种，冬季收获，一般生育期70～110 天，在长江流域一般处暑前后（8 月 24 日左右）播种，11～12 月份大量上市，该栽培季节的特点是前期温度较高，后期温度较低，且后期昼夜温差大，符合萝卜营养生长的温度和光照条件，也有利于萝卜肉质根膨大和营养物质的积累。随着中后期温度降低，病虫害也减轻。由于这类萝卜栽培面积大，产量高，品质好，耐贮藏，用途

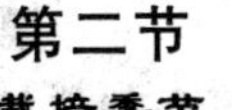

多，为萝卜生产中最重要的一类。代表品种有武青一号、汉白萝卜、黄州萝卜、浙大长、广州火车头萝卜、昆明水萝卜、南畔洲、南京穿心红、徐州大红袍、萧山一点红等。

### 四、冬春萝卜

冬春萝卜指在我国长江以南及四川省等冬季不严寒的地区于冬季播种、翌年春季收获上市的萝卜，一般生育期90～140天。这一栽培季节的特点苗期生长气候适宜，后期易遇寒冷天气，应选择入土深、冬性强、产量高、抽薹迟、不易糠心的品种。代表品种有武汉四月白、成都春不老、昆明三月萝卜、韩国白玉春、汉春一号等。

### 五、四季萝卜

四季萝卜是指一年四季除严寒酷暑利用适当的设施，其他时间可随时露地播种的萝卜类型。这类萝卜植株矮小，生长期短，一般生育期30～40天，既耐热，也耐寒，适应性强，冬性强。代表品种有南京扬花萝卜、上海小红萝卜等。

## 第二节　栽培季节

由于我国各地纬度、海拔高度差异大，气候极为复杂，因而同一栽培季节各地萝卜的播种适期也不同，总结南方各地栽培季节和栽培方式见表1。

**表1 南方各地萝卜主要栽培季节和栽培方式**

| 栽培方式 | | 播种期 | 收获期 |
|---|---|---|---|
| 春播 | 大棚＋小棚 | 1月下旬 | 3月下旬至4月中旬 |
| （春萝卜） | 小拱棚 | 2月中旬 | 4月中旬至5月上旬 |
| | 地膜覆盖 | 3月上中旬 | 5～6月 |
| 夏播 | 高山栽培 | 5月上旬至7月下旬 | 8月下旬至10月下旬 |
| （夏秋萝卜） | 平地栽培 | 7月下旬至8月上旬 | 9月上旬至10月上旬 |
| 秋播 | 露地 | 8月上旬至9月上旬 | 10月下旬至12月上旬 |
| （秋冬萝卜） | 露地 | 8月下旬至9月上中旬 | 11月中旬至12月中旬 |
| 冬播 | 露地 | 9月中下旬至10月上旬 | 12月中旬至翌年3月上旬 |
| （冬春萝卜） | 大棚 | 11月上旬至12月下旬 | 2～4月 |
| | 小拱棚＋地膜 | 12月上旬 | 3月下旬至4月 |

南方各地萝卜的具体栽培季节总结见表2。

**表2 我国南方各地区萝卜的主要栽培季节**

| 地区 | 萝卜类型 | 播种期 | 生长日数 | 收获期 |
|---|---|---|---|---|
| 上海 | 春夏萝卜 | 2月中旬至3月下旬 | 50～60 | 4月上旬至5月下旬 |
| | 夏秋萝卜 | 7月上旬至8月上旬 | 50 | 8月下旬至10月上旬 |
| | 秋冬萝卜 | 8月中旬至9月中旬 | 70～100 | 10月下旬至12月下旬 |
| 南京 | 春夏萝卜 | 2月中旬至4月上旬 | 50～60 | 4月上旬至6月上旬 |
| | 夏秋萝卜 | 7月上旬至7月下旬 | 50 | 8月下旬至10月上旬 |
| | 秋冬萝卜 | 8月上旬至8月中旬 | 70～110 | 11月上旬至11月下旬 |
| 杭州 | 冬春萝卜 | 9月下旬至10月上旬 | 90～120 | 12月至翌年3月 |
| | 夏秋萝卜 | 7月上旬至8月上旬 | 50～60 | 8月下旬至10月上旬 |
| | 秋冬萝卜 | 9月上旬 | 70～80 | 11～12月 |

**续表 2**

| 地区 | 萝卜类型 | 播种期 | 生长日数 | 收获期 |
|---|---|---|---|---|
| 武汉 | 春夏萝卜 | 2月上旬至4月上旬 | 50～60 | 4月下旬至6月上旬 |
| | 夏秋萝卜 | 7月上旬 | 50 | 8月下旬至10月中旬 |
| | 秋冬萝卜 | 8月中旬至9月上旬 | 70～100 | 11月上旬至12月下旬 |
| 重庆 | 冬春萝卜 | 10月下旬至11月中旬 | 100～110 | 2月中旬至3月 |
| | 夏秋萝卜 | 7月下旬至8月上旬 | 50 | 9月中旬至10月上旬 |
| | 秋冬萝卜 | 8月上旬至9月上旬 | 90～100 | 11月至翌年1月 |
| 贵阳 | 冬春萝卜 | 9月中旬 | 120 | 2月中下旬 |
| | 夏秋萝卜 | 5～7月 | 50～60 | 6月下旬至9月 |
| | 秋冬萝卜 | 8月中旬至9月上旬 | 90～110 | 10月中旬至12月 |
| 长沙 | 冬春萝卜 | 9月至10月上旬 | 140 | 2～3月 |
| | 夏秋萝卜 | 7～8月 | 45～50 | 8月中旬至10月 |
| | 秋冬萝卜 | 8月下旬至9月 | 100 | 11月至翌年1月 |
| 福州 | 冬春萝卜 | 9月上旬至11月上旬 | 90～140 | 1月至3月上旬 |
| | 秋冬萝卜 | 7月下旬至9月上旬 | 60～80 | 9月下旬至12月 |
| 南宁 | 冬春萝卜 | 10月下旬至11月中旬 | 90～100 | 2月上旬至3月下旬 |
| | 夏秋萝卜 | 7月下旬至8月上旬 | 60～70 | 9月下旬至10月下旬 |
| | 秋冬萝卜 | 8月下旬至9月中旬 | 70～90 | 11月上旬至12月中旬 |
| 广州 | 冬春萝卜 | 10～12月 | 90～100 | 1～3月 |
| | 夏秋萝卜 | 5～7月 | 50～60 | 7～9月 |
| | 秋冬萝卜 | 8～10月 | 60～90 | 11～12月 |
| 昆明 | 冬春萝卜 | 8～10月 | 120～150 | 3～5月 |
| | 夏秋萝卜 | 11月至翌年2月 | 60～80 | 8～11月 |
| | 秋冬萝卜 | 6～8月 | 60～110 | 10月至翌年1月 |

注：部分数据采用中国农业出版社主编的《蔬菜栽培学各论》(南方本第三版)

## 第三节 萝卜栽培过程中经常出现的问题

萝卜在不良的自然与栽培条件下,会发生先期抽薹、畸形根、裂根、黑皮、黑心或糠心、苦味、辣味等影响品质的现象。

### 一、先期抽薹

先期抽薹是萝卜肉质根在可作为商品之前即抽薹,轻则使肉质根糠心,或纤维增加,降低品质;严重者,肉质根尚未膨大,由于抽薹致使其失去食用价值。先期抽薹在春萝卜生产和冬贮中是一个严重问题,秋冬萝卜生产中亦存在这个现象。萝卜的先期抽薹需具备4个条件。

第一,低温。萝卜肉质根、萌动的种子、有些没有吸水的种子,在较低的温度中均可通过春化阶段,而先期抽薹。研究结果表明,通过春化阶段最适宜的温度是3℃～5℃,高于这个温度或低于这个温度抽薹率较低。在生育期,甚至在种子萌动期或种子贮存在较潮湿的环境中的贮藏期,低温环境是先期抽薹的主要条件。

第二,低温时间。萝卜肉质根处在3℃～5℃低温环境中,经3～5天,就会有春化效果,如果经过10天以上就会出现抽薹现象。没有吸水的种子在潮湿的环境中经20天,也有一部分通过春化阶段,种植后即会发生先期抽薹。

通过春化阶段所需的时间，因苗龄不同而不同。在幼苗 2 片子叶时，通过春化阶段迅速，抽薹率也最高。

第三，光照。萝卜通过春化以后，在长光照条件下，可以加速其抽薹。在 12 小时的光照条件下，萝卜均可抽薹。有些品种虽然没有通过春化处理，在全日照的条件下也可抽薹。所以，长日照条件也是先期抽薹的条件之一。

第四，贮藏期抽薹。秋冬萝卜在冬季贮藏期，都已通过春化阶段，所以抽薹几乎是不可避免。这一时期抽薹与否的条件是必须有完整的肉质根顶部。

先期抽薹现象的防治措施有如下几个方面。

第一，选用冬性强的品种。冬性强的萝卜品种通过春化阶段要求的条件严格，不易通过春化阶段，先期抽薹现象较少。通常北方寒冷地区的萝卜品种，在南方温暖地区种植时，先期抽薹现象较少；而南方的萝卜品种，由于通过春化阶段要求的温度条件较高，当移到北方寒冷地区种植时，就很容易通过春化阶段而先期抽薹。这一现象在引种时一定要注意。

第二，采用冬性强的种子。同一个品种的种子，冬性强弱亦有很大的差异。如春萝卜，即使是一个品种，但先期抽薹亦有早有晚。所以，在留种时一定采用春种春选和秋种秋选相组合的办法精选冬性强的单株。这样选出的种子通过春化阶段较慢，先期抽薹现象少。在北方有的地方直接利用早春播种的春萝卜留种采种，并作为生产用种，不经秋播冬贮。这样长期下去，会使品种的冬性减弱。在留种时如果不注意拔除抽薹开花早的植株，留下的种子在生产上应用时，先期抽薹现象较严重。

第三，适时播种。春萝卜是在冬末春初播种，此期温度条件较低，播种越早，在低温环境中时间越长，越易通过春化阶段，先期抽薹现象越严重。播种期晚的萝卜，先期抽薹现象就轻得多，但是由于营养生长期短，产量不高，加上上市晚，经济效益也不理想，所以播种期应适当。适期早播，先期抽薹现象不严重，因营养生长期较长，叶面积较大，产量高，上市早，经济效益也好。

第四，防止低温。在春季早熟栽培中，一定要利用保护设施尽量保证平均温度条件不低于 15℃，防止萝卜通过春化阶段。在萝卜生长期不宜利用控水、低温等措施锻炼秧苗。

第五，肥水管理。春萝卜在栽培中应加强肥水管理，使肉质根迅速膨大，在先期抽薹前，即可采收上市。如果肥料不足，土壤通透性不良，干旱缺水，肉质根生长缓慢，致使已抽薹，肉质根还达不到食用标准，就会失去商品价值。

第六，削根顶。秋冬萝卜收获后，在入窖贮藏前，应把肉质根的顶端，凡有芽处全部用刀削去。这样在贮藏期间.无论条件怎样适宜，萝卜也无从抽薹。这是防止贮藏期抽薹的根本方法。

## 二、畸形根、叉根

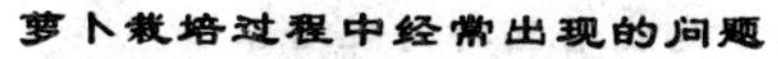

萝卜的畸形根主要表现为分叉和弯曲。萝卜肉质根周围有两列侧根，在正常情况下，这些侧根不会膨大。但遇特殊情况，侧根可以膨大，膨大的结果使直根成为2条，甚至3～4条。分叉的结果，整个直根成为弯曲或畸形。萝卜生长期间苗不彻底，秧苗过密或杂草根系缠绕也可引起萝卜肉质根的弯曲。这些畸形的结果，影响了萝卜的外观，降低了商品价值和食用价值。萝卜曲形根产生的原因有以下几种。

1. 种子的生活力弱

陈旧的萝卜种子，往往生活力较弱，发芽不良。幼根先端生长缓慢，中部的侧根往往代之而长，以至产生分叉而畸形。

2. 土壤条件差

砾质土或土中有石块、砖瓦等坚硬物、未经筛选混有塑料、玻璃等不易分解的物品，或施用垃圾肥料，均能妨碍肉质根的正常膨大和伸长。当肉质根在伸长过程中，顶端受到阻碍，就会引起侧根的膨大而发生分叉或弯曲。此外，雨量过大，浇水太多所造成的土壤板结，耕作太浅，土壤质地黏重等问题也能妨碍肉质根的正常膨大，而引起畸形。同一道理，长形的品种比短形的品种产生畸形根的比率要大些。

3. 施肥不当

在萝卜生长的田块里施用大量的未充分腐熟的堆肥、牲畜尿等有机肥料，或追施尿素、碳酸氢铵等化学肥料浓度过高时也易引起萝卜畸形根的发生。这是因为萝卜直根的先端遇到正在发酵的堆肥、浓度较高的牲畜尿液或化学肥料时，往往枯死、折断或生长势受抑制，不能继续伸长生长，于是侧根代之膨大而发生分叉。

4. 土壤害虫的侵害

土壤中的地下害虫如果咬伤萝卜幼根的先端，抑制了直根的生长，也会引起侧根的膨大，发生分叉及畸形。

此外，一些大型的生长势旺盛的萝卜品种，如浙大长等，在种植较稀时容易发生分叉而畸形。有些肉质根露出地面较多的品种，由于管理上的原因，造成植株倾斜，也容易发生分叉及弯曲现象。

防止萝卜畸形根产生的措施主要有以下几个方面。选用生活力强的种子，尽量不用发芽势差的陈种子；播种田块应选在沙质土壤上，要求深耕排水良好、无砾石、砖瓦等硬物；施用垃圾肥时应过筛；浇水适当，不要造成土壤板结；施肥应均匀，有机肥应充分腐熟，少施牲畜尿液；施用化肥应适量；及时防治土壤地下害虫，可在播种前施用土壤杀虫剂。

## 三、裂 根

肉质根裂根是萝卜常发生的现象。萝卜裂根后不但

影响商品品质，而且容易腐烂，不耐贮藏。

裂根有多种情况，有沿直根纵向的开裂，有在靠近叶柄部横向的开裂，也有的在根头部呈放射状的开裂。一般在开始裂根时，直根的表面呈龟裂状，然后龟裂的面积增大，根的生长停止，引起肉质的木质化。开裂的地方产生周皮层，周皮层的木质化程度增加，周皮的硬度也增加。

裂根与土壤水分关系很大，土壤水分多，直根较重，若随后遇到干燥，生长受到抑制就易产生裂根。有时萝卜生长前期土壤干旱缺水，根的生长受到抑制，周皮层木质化程度增加，后期又遇降大雨或浇大水，土壤湿度增加，根迅速生长，而周皮层不能相应长大而造成裂根。总之，土壤的含水量前期多湿，后期干燥，或前期干燥而后期多湿等水分供应不均匀，时干时湿都是引起裂根的主要原因。

一般情况下，裂根多发生在生长后期和收获过迟的情况下。

防止萝卜裂根的措施：选择肉质根含水较少、肉质致密的品种，这类品种不易裂根；在管理上，要合理浇水，避免忽干忽湿，保持土壤有均匀的湿度；同时，还应注意适时收获。

## 四、黑皮或黑心

土壤坚硬、板结，通气不良，施用未腐熟的有机肥，土壤中微生物活动强烈，消耗氧气过多等，都易造成根部窒息，部分组织缺氧而出现黑皮或黑心。此外，黑腐病也引起黑心。

## 五、表面粗糙和白锈

白锈是指萝卜肉质根表面，尤其是近丛生叶一端发生白色锈斑的现象。这是萝卜肉质根周皮层的脱落组织，这些一层一层的鳞片状脱落，因不含色素而成为白色。表面粗糙主要发生在肉质根上，在不良生长条件下，尤其生长期延长，叶片脱落后使叶痕增多，会形成粗糙表面。表面粗糙和白锈现象与品种、播种期关系较大。播种期早发生重，晚则发生轻；生长期长则重，短则轻。生产上应时期播种，及时采收，以避免和减轻萝卜表面粗糙和白锈现象的发生。

## 六、糠　心

糠心又称空心，是萝卜常见的现象。糠心的结果，不但重量减轻，而且糖分减少，影响其食用、加工及贮藏性能，在冬贮其间也会有糠心现象。

1. 糠心的形成过程

在萝卜肉质根迅速膨大的时期，肉质根中离输导组织较远的地方，这里的细胞膨大生长过快，水分及营养物质运输到这里越来越困难，以至这些薄壁组织处于“饥饿

状态”,而逐渐衰老。首先表现在薄壁组织的大型细胞中糖分的消失,继而细胞壁与中胶层的果胶质逐渐消失溶解,薄壁细胞完全相互分离,其间隙逐渐扩大,具有气泡,到最后形成空心状态。

糠心的萝卜组织中可溶性固形物含量较少,淀粉的含量也较少。糠心开始的时间是萝卜的叶数、叶的面积、根的重量增加最迅速的时期。

2. 糠心与品种的关系

糠心与品种有很大的关系,大致有以下几个方面。

第一,肉质致密的小型品种不易糠心,肉质疏松的大型品种容易糠心。

第二,肉质根膨大生长过快、过早的品种容易糠心。根的膨大生长缓慢,地上部分与地下部分生长较平衡的品种,糠心程度较轻。

第三,有些品种肉质根生长快,木质部薄壁组织生长亦快,细胞直径大,这样的品种易糠心。那些肉质根生长较慢,淀粉的含量较多,可溶性固形物的浓度较高的品种,不易形成糠心。

第四,品种中肉质根的输导组织分布较均匀、密集的不易糠心,反之则易糠心。

3. 糠心与栽培条件的关系

萝卜糠心与栽培条件有很大关系,这些条件大都是通过影响地上部与地下部生长的速度来发生作用的。

(1)施肥条件对糠心的影响　糠心组织的出现,主要是因为肉质根的迅速膨大,而地上部所合成的同化物质不能相应地供给。因此,在多氮肥条件下,尤其是在生长后期多氮肥的条件下,容易引起糠心。如果肥料不很充足,特别是氮和磷肥不足,而钾肥较充足时,地上部、地下部的生长缓慢,萝卜不易糠心。但是这并不是说在生产上要防止糠心,就应不施或少施肥料,使肉质根生长缓慢,而是要合理施肥,特别是多施钾肥,以达到地上部与肉质根生长得到平衡,从而达到肉质根肥大而不糠心的目的。

(2)密植与糠心的关系　当萝卜栽植的株行距过大,土壤肥力充足,肉质根生长旺盛,地上部迅速生长时,萝卜易糠心。而当株行距较小,合理密植时,萝卜糠心较少。

(3)土壤湿度与糠心的关系　萝卜一直生长在湿润的土壤里,肉质根的可溶性固形物减少,但细胞的直径较大,地上部较旺盛时,萝卜的糠心现象严重。土壤水分供给不均匀,肉质根膨大初期土壤供水充足,后期土壤干旱,肉质根的部分细胞缺水饥饿而衰老,也易引起糠心。萝卜先期抽薹或贮藏期间抽薹时,有机营养物质用于抽薹开花的较多,肉质根营养不足,也能造成糠心现象。

4. 糠心与温度及日照的关系

萝卜适宜于日温较高而夜温较低的气候条件。在这种昼夜温差较大的条件下,根的膨大生长正常,不易引起

糠心。生长初期,温度高些,也不易引起糠心。但到生长中期,夜温过高,呼吸作用旺盛,消耗营养物质太多,就容易引起糠心。

日照对糠心的影响,可分为日照的长度和日照的强度两个方面。短日照条件下,萝卜肉质根的膨大速度快,因此易糠心。而在长日照条件下,萝卜根的膨大缓慢,肉质根薄壁细胞直径较小,不易糠心。

萝卜生长期中,日照强度如不足,叶片光合能力差,同化物质少,糖的合成也少,因此,肉质根得不到充分的同化物质,发生糠心现象就严重。如果光照强度适宜,则糠心现象减少。

此外,收获期偏晚,叶片已衰老,制造的同化物质很少,不能满足肉质根的需要也会引起糠心。在贮藏中,高温干燥,呼吸作用旺盛,消耗营养过多,水分不足也是糠心的原因之一。

5. 防止糠心的措施

萝卜糠心是一种很普遍的现象,只要采取正确的措施是可以防止或减轻的。一般应从以下几方面着手。

第一,选用肉质致密的、干物质含量高的品种,如双红一号、汉春、白玉春等。

第二,合理施肥,重点增施钾肥,促进根发育,加速输导组织功能,防止氮肥过多,致使叶片过度旺盛影响同化物质输入肉质根中,做到地上部与肉质根生长平衡,使肉质根既肥大又不糠心。

第三，合理密植，特别是大型品种，适当增加栽植密度，抑制地上部生长，使根部有充足的营养，从而减少糠心。

第四，土壤供水均匀，特别要防止前期土壤湿润，而后期土壤干旱。

第五，采取措施，防止先期抽薹，减少因抽薹而引起的糠心。

第六，选择适宜的播种期，使肉质根的膨大期处于昼夜温差较大的季节。

第七，贮藏期不要过长，贮藏时要调节好二氧化碳浓度与空气湿度。

## 七、辣　味

萝卜肉质根的细胞中含有挥发性芥子油，因而有辣味。芥子油含量的多少，决定了肉质根的辣味大小。肉质根辣味除品种遗传性外，与栽培技术和气候条件有密切的关系。栽培气候炎热、干旱、有机肥不足时，产生芥子油则较多，造成辣味重。因此，在栽培萝卜的时候，如果选用优良的品种，肥水供应充足，及时防治病虫害，为萝卜栽培创造良好的生长条件，减少芥子油的形成和积累，萝卜的辣味就会相应减轻，甚至被萝卜的甜味所抵消。

## 八、苦　味

萝卜的苦味是因为根中产生了一种含氮的碱性有机物——苦瓜素。苦瓜素是以一种含氮的碱性化合物。天气炎热，或氮肥过多、磷肥不足，或单纯施用较多氮素化肥时，常发生此现象。要预防萝卜产生苦味，就要注意氮、磷、钾肥料的配合使用。

# 第四章 萝卜的周年栽培技术

## 第一节 冬春萝卜栽培技术

冬春萝卜主要生长在我国长江中下游流域，冬季不太寒冷的地区，10 月至翌年 1 月份播种，采用地膜、小拱棚＋大棚的栽培模式，2～5 月份收获，选用耐寒性强、耐抽薹性强、品质好、根形美观、产量高的冬春萝卜品种，如汉春一号、武蔬春雪、天鸿春、特新白玉春等。每公顷可产鲜萝卜 60～90 吨(亩产 4 000～6 000 千克)。

### 一、适宜栽培的品种

1. 汉春一号

该品种由武汉市蔬菜科学研究所研制，是采用耐抽薹性强的雄性不育系为母本育成的冬春萝卜品种，根形美观，整齐度高，大小适中，熟性中晚熟，达到韩、日进口品种的同等水平。

特征特性：叶片类型为花叶，株高 40～45 厘米，开展

度60厘米左右，每株叶片17～20片，叶色浓绿，肉质根长圆柱形，根长27厘米左右，根粗8厘米左右，皮白色，肉白色，水分足，晚抽薹，不易糠心。武汉地区露地越冬需要在9月下旬至10月中旬播种，12月至翌年1月份上市，设施栽培可在12月至翌年2月份播种，3～5月份上市。

2. 武蔬春雪

该品种由武汉市蔬菜科学研究所研制，是采用耐抽薹雄性不育系×异型保持不育系×优良自交系配制而成的三交种，其具有根形美观、抗逆性强、抗病性强、较耐抽薹、高产稳产的特点。其商品种价格适中，物美价廉，适合广大平原地区农户越冬或早春种植。

特征特性：叶片类型为花叶，株高50厘米左右，叶色浓绿，肉质根长圆柱形，收尾漂亮，根长27厘米左右，根粗8厘米左右，皮白色，肉白色，较耐抽薹，武汉地区露地越冬种植播种期不能晚于10月中旬，越冬种植全生育期80～120天。

3. 天鸿春

该品种为韩国大一种苗研制，适合于早春保护地和露地栽培。

特征特性：叶数少，叶姿开展，不易抽薹；根部全白，根皮光滑，肉质清脆，口感好；单根重1.4～1.8千克，不易糠心；越冬种植全生育期80～120天。

4. 特新白玉春

该品种为韩国大一种苗研制，适合早春保护地和露地栽培。

特征特性：叶姿开展，生长旺盛，不易抽薹，根部全白，光滑，少发生裂根，肉质清脆，口感好，单根重1.5～1.8千克，不糠心，苗期温度保持10℃以上，生长期日平均气温25℃以下，适合春、秋、冬及高海拔地区春季种植。

## 二、栽培技术

### (一)播前准备

播前要有计划安排前茬作物，蔬菜产区可以以秋豇豆、秋黄瓜、早熟大白菜、小白菜等为前茬作物，粮棉产区可以安排中稻、早熟棉花、芝麻、大豆等作物为前茬作物，如果套种在小麦预留棉行中，可在不影响小麦产量的前提下，每公顷增收鲜萝卜19吨。

一般在播种前15天，清理前茬作物的叶梗、杂草等物，然后深翻，炕地，随后三犁三耙。第一次耕地应在前茬作物收获后立即进行，由于冬春萝卜属于入土较深的大型萝卜，必须要深耕，松土，深度一般在30厘米以上，耕地的质量要有保证，深度必须一致，不可漏耕、少耕，第一次耕起的土块不必打碎，让土壤充分炕晒，有利于消毒杀菌，清除病害。最后1次耕地后，必须充分碎土，此时

如果大土块充斥田间，不利于萝卜对水分、肥料的吸收，也容易使萝卜产生畸根、叉根或造成根部腐烂。

### (二)施　肥

冬春萝卜直根发达，深入土中，施足基肥是很重要的工作。如果基肥不足，萝卜生长时期又遇到阴雨天而不能追肥，会影响萝卜肉质根的发育，造成生长不良、减产。

施肥标准可按每公顷施农家肥 4.5 万千克(折合每亩 60 担)。如果没有农家肥每公顷施用菜籽饼肥 1 500 千克、三元复合肥 375 千克(折合每亩 100 千克菜饼、25 千克复合肥)。农家肥必须在三犁三耙前施下，以充分与土壤拌匀；菜饼肥应先粉碎后与复合肥混合，用条施的方法，深施在畦中央(两行萝卜之间)。萝卜对肥效的要求以钾元素最多，其次为氮，再次为磷。偏施氮肥易使植株徒长，易引发病害，肉质根发育不良，会使肉质根产生苦味，品质降低，而磷肥、钾肥则有增产、提高含糖量的效果，一般我们对萝卜施肥的经验是："基肥为主，追肥为辅，盖籽粪长苗，追肥长叶，基肥长头(萝卜根)"。

### (三)做　畦

整地做畦必须根据地势、水源及土壤结构而定，地势平坦，地下水位高，土壤透气性差的地区应采取深沟高畦。这种方式既能灌溉又利于排水，而且活土层比平地深近1倍，透气性好，利于萝卜肉质根的膨大和生长，是萝卜丰产的必要条件。目前深沟高畦做畦的方式有梳子型和长垄型两种。前者做畦虽费工，但能大块不平小块平，有利于浇水均匀，在土地不平整地区较适用，后者虽然省工，但必须整块地平坦，否则灌溉流通不畅，易积水。梳子型畦长4米，畦宽1米(包沟)，沟深25厘米左右，活土层30厘米左右。

由于冬春萝卜收获后可直接定植春播蔬菜，如辣椒、茄子、番茄、长豇豆、毛豆等，为了兼顾前后作，因天气原因不能重新开畦，可将萝卜的畦宽改为1.2米，另外有的地方不能抽水灌溉，靠人工浇水，宜选用沙壤土种植萝卜，对沙性较重，不保湿的地块可做成2～2.5米宽的直畦，以利于保湿节水。对黏性土壤和焦板土壤则不适宜采用宽畦播种，否则土层浅，不利于萝卜根下扎，如果遇上天旱，经常浇水更易使土壤板结结块，遇上多雨天排水又不畅，透气性差，萝卜易产生黑心、叉根。

## (四)播　种

1. 适期播种　播种期的选择，首先根据市场的需求，再结合品种的生物学特性，创造适宜的栽培条件，满足萝卜高产优质的目的。例如，在长江中下游流域地区，10月上旬左右播种，利用地膜覆盖，露地越冬，翌年3～4月可以上市；在10月中旬至11月中旬播种，地膜覆盖到12月

中旬大中棚覆盖，可以在翌年 2～3 月份上市；如果在 12 月下旬至翌年 1 月下旬采用大棚播种，可在翌年 4～5 月份上市。冬春萝卜的播种期非常重要，如果播种过早，萝卜露出地面，容易冻坏，若播种过迟，苗小越冬，容易死苗，加上开春气温逐步升高，光照时间越来越长，易导致萝卜由营养生长转为生殖生长，继而抽薹开花，造成萝卜肉质根膨大不足，产量低。

武汉地区播种期一般在 10 月 20 日左右为宜，各地可按当地气候情况调整播期，比武汉同期冷的地区可早播，同期温度高的地区可晚播。

2. *播种密度及方式*　合理密植指的是充分利用环境条件，如光照、土壤、肥料、水源及品种特征特性等来确定的科学、合理的种植密度，合理密植使个体与群体结构配置适当，从而使土壤利用率达到最佳，每 667 米$^2$ 产量最佳的效果。冬春萝卜品种一般属大型萝卜品种，行距一般在 40～50 厘米，株距一般在 22～25 厘米，若深沟高畦栽培时行距应达到 40～60 厘米，株距 27 厘米左右。

冬春萝卜以点播为佳，但目前很多地方仍然以撒播为主，许多人认为萝卜易活，撒播省事，撒播虽然省事，但给以后栽培带来一系列的麻烦。一是撒播要多花 1 倍以上的种子，成本高；二是不利于出苗；三是间苗、定苗时费工费时，易挤苗；四是不利于中耕除草、追肥、浇水；五是易导致萝卜大小不一，商品率差，产量低下；六是不利于防治病虫害,喷药易漏喷。点播则可有效避免以上问题,点播根据品种的特征特性,合理安排株距和行距,使每个萝卜个体发育环境基本一致,商品率和产量均有保障。

一般点播的密度为每公顷 9 万～12 万株(折合每亩 6 000～8 000 株),播种量为每公顷 5～7.5 千克商品种(折合每亩 250～500 克)。

**(五)田间管理**

在 10 月 20 日左右播种,露地越冬(不用大中棚覆盖),翌年 3～4 月份上市的冬春萝卜必须要求植株在 12 月上旬叶片数达到 10～12 片,肉质根刚进入“露肩”期,此阶段需注意若此时生长过快了,萝卜过早露肩,肩部易受冻,或者苗小了,叶片盖不住地面,也容易发生叶片冻害,应按照要求,严格控制越冬萝卜的生长速度。

要使萝卜在规定的生育期内正常生长发育,必须适时适度地进行间苗、浇水、追肥、中耕除草以及病虫害防治等一系列工作,促使前期根叶并茂,为后期营养生长光合作用以及营养物质积累与肉质根膨大打好基础。

1. 及时间苗　冬春萝卜在长江中下游流域地区播种期一般在 10 月中旬左右,气温逐渐转低,播种后 5～7 天应出齐苗,出苗后就应及时间苗,以免苗互相拥挤、遮阴导致苗细弱。第一次间苗应在第一片真叶平展时,拔除受病虫害侵害、弱苗、畸形苗、发育不良的苗、杂种苗,保

留具有原品种特征的壮苗，每穴留3～4株。如果采用条播的方式播种，第一次间苗可每隔5厘米留苗1株。第二次间苗在3～4片真叶时进行，留苗2～3株，株距10厘米。第三次间苗在苗长至7～8片真叶时进行定苗。间苗、定苗必须和浇水、追肥、中耕除草相结合，保证幼苗的正常生长。

2. 合理浇灌　播种后及时浇灌出苗水，深沟高畦采用浸灌，若土壤透气性较好采用平畦栽培的可以利用雨水或打底水的方法。总之，就是要出苗要一致，要整齐，冬春萝卜一般10月份播种，气温较低，一般浇水后5～7天才能出齐苗。

幼苗期水分管理需要注意几个方面：一是播种时要浇足，浇透，保证出苗快而整齐，幼苗期苗小、根浅，需水量少，这时田间持水量应保持60％为宜，要掌握“少而勤”的浇水习惯；二是不宜一次浇水过多，防止幼苗的徒长和烂根的现象发生，在幼苗“破肚”前的一个时期内要少浇水，蹲苗，以抑制萝卜侧根的发育生长，促进主根深入土层。

露肩期水分管理需要注意的是：适时适量浇灌，露肩期萝卜地上部叶片生长迅速，对水分的需求较苗期要多，但此时为冬季，气温低，蒸发量小，土壤易结块板结，因此既要适时适量地浇灌，同时也要积极中耕除草，保证畦苗的疏松透气。

肉质根膨大期水分管理需要注意的是：冬春萝卜一般2～4月份收获，这个时期气温较低，空气湿度比土壤湿度大，应适当、均匀浇水，一般田间持水量维持在70%～80%，浇水时间一般选择在晴天的上午进行，浇后经过午后升温，不致夜晚产生冻害。

3. 追肥　追肥要根据萝卜在生长期内对营养元素需要的规律进行补充。在施足基肥的前提下，在幼苗期真叶展开(拉十字)时结合中耕除草追第一次肥，每公顷施150吨(每亩10 000千克)稀人粪尿，每担(50千克)加200克尿素，一般在苗长到10片叶时追第二次肥，第二次追肥也叫越冬肥、保暖肥，当最低气温降到0℃左右时萝卜生长减缓，这时应重施1次腐熟的农家肥，若遇寒潮应在寒潮前盖棚保证萝卜正常生长。开春后施萝卜肉质根的生长旺盛期，应进行第三次追肥，每公顷施用22.5吨(每亩1 500千克)稀人粪尿、75千克(每亩5千克)硫酸铵及50～100千克(每亩4～7千克)草木灰钾肥等，以供萝卜旺盛期生长所需。

4. 中耕除草　萝卜生长期间内，必须适时中耕除草，锄松表土。中耕除草一般选在晴天，做到先中耕，后间苗，再定苗，后施肥。幼苗期间中耕要浅，避免伤及幼苗，农民叫“划皮”，肉质根膨大期，应适当加深，与萝卜主根保持一定距离，否则主根受伤易产生叉根、腐烂、裂口。

(六)收　获

冬春萝卜收获期在2～5月份,采用大棚+小拱棚覆盖一般在2～3月份可上市,露地越冬的一般在4～5月份上市,上市时应根据市场行情,分期分批上市。

## 第二节　春夏萝卜栽培技术

春夏萝卜主要分布在我国长江中下游流域。近年来,湖南的新化、辰溪、江西、四川及安徽南部等地都有种植。根据各地气候条件,春夏萝卜从12月上旬一直可播到翌年3月上旬,4～5月份收获上市,生育期70天左右。春夏萝卜可露地栽培,也可地膜覆盖栽培。此类萝卜接冬春萝卜之后上市,有调剂春淡的作用。

### 一、宜栽品种

(一)春红一号

该品种由武汉市蔬菜科学研究所育成。板叶,叶片深绿,主脉大红色,每株叶片数13～15片,株高约20厘米,开展度约45厘米。肉质根近长纺锤形,长约18厘米,根粗约6厘米,出土部分8～9厘米,皮大红色,肉白色。较耐寒,抽薹晚。每667米$^2$产1 500千克左右。

### (二)白 玉 春

该品种由韩国农友 BIO 株式会社培育。叶数少,根膨大快,抽薹稳定。肉质根光滑整齐,歧根、裂根少,根部全白,长筒形。风味佳,质脆味甜,水分多,糠心晚。生长期 80～90 天。

### (三)醉 仙 桃

该品种原产于湖北黄陂县祁家湾。板叶,叶片深绿色,主脉大红色,每株叶片数 9～11 片,株高 20～25 厘米,开展度 40～45 厘米。肉质根长圆锥形,长约 13 厘米,根粗约 5 厘米,出土部分 6～7 厘米,皮大红色,肉白色。较耐寒,不耐渍,抽薹较晚。每 667 米$^2$ 产 1 000 千克左右。

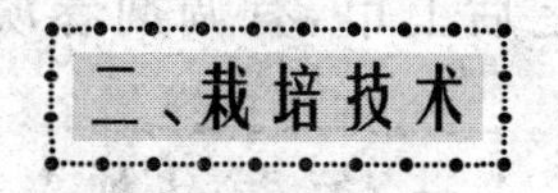

## 二、栽培技术

### (一)播前准备

春季雨水多,湿度大,应选择土层深厚、土质疏松、排水良好、中性或弱酸性的沙质土壤种植萝卜。不宜与十字花科作物连作,可安排秋番茄、秋辣椒、秋马铃薯、秋莴苣等作前茬。播种前深耕、精细整地、施足基肥是种好萝卜的重要环节。耕地的时间以早为好,可使土壤晒透、冻酥,有利于土壤的分化与消灭病虫,播种后出苗齐,幼苗

生长健壮,产量高,皮色鲜。第一次耕地应在前茬作物收后立即进行,从第一次耕地到播种最少要晒地十几天。耕地深度因萝卜品种而异,肉质根入土深的大型萝卜,如浙大长、上海的本地晚与太湖长白萝卜等,必须深耕33厘米以上;肉质根大部分露在地上的大型和中型萝卜,如胶州青、五月红、泡里红等,深耕23~27厘米;小型品种如扬花萝卜等,可耕深16~20厘米。耕地深度要一致,不可漏耕。第一次耕起的土块不必打碎,让土块冻酥或晒透以后结合施基肥再耕翻数次,深度逐次降低。最后1次耕地必须将上下层的土块打碎,否则下面的土块架空,不但下雨或浇水时土块变软下陷,容易将根拉断,而且浇水时水向下漏,形成上干下湿的现象,容易造成根部腐烂。

### (二)施足基肥

萝卜的直根发达,深入土中,施足基肥是很重要的栽培措施。一般菜农对萝卜施肥的经验是:"基肥为主,追肥为辅,盖籽粪长苗,追肥长叶,基肥长头(肉质根)。"春夏萝卜主要在低温多雨的条件下生长,施肥应以基肥为主。每公顷施腐熟农家肥30 000千克或饼肥1 500千克加三元复合肥375千克。农家肥捣碎撒施,随后三犁三耙,深15~17厘米。菜饼粉碎后与复合肥混合条施在畦中央,畦长为4米,畦宽1米,呈梳子形。横沟深12厘米,直沟深 17 厘米,畦上活土层 25～30 厘米。

### (三)播　种

选用纯度在 90%、净度在 97%、发芽率在 90%以上的种子播种。于 2 月上旬至 3 月下旬陆续播种。播种前务必打足底水。每 667 米$^2$ 用种量约 500 克,穴播,行距 40 厘米(每畦播两行),穴距 20 厘米,播种时按规定的株行距用锄背打穴,穴深 1～2 厘米。每穴播 5～7 粒种子,要使种子在穴中散开,以免出苗时拥挤。用腐熟的渣肥和菜园土等份混合后盖种,厚度约 2 厘米。播种后立即灌水。

### (四)田间管理

1. 间苗定苗　播种后灌好出苗水,一般 7～10 天齐苗。第一片真叶展开时第一次间苗,每穴留 3～4 株壮苗;3～4 片真叶展开时第二次间苗,每穴留 2～3 株壮苗;5～6 片真叶时进行定苗。间苗时注意去掉杂苗(与大部分植株不一样的苗)、弱苗和病苗。

2. 合理浇灌　发芽期要充分浇水,保证出苗快而整齐。

幼苗期,苗小根浅需水少。要掌握少浇勤浇的原则,易保证幼苗出土后的生长。在幼苗破白前的一个时期内,要少水蹲苗,以抑制侧根生长,使直根深入土层。

叶部生长盛期，从破白至露肩，根部逐渐肥大，需水渐多，因此要适量浇水，保证叶部的正常发育。但也不能浇水过多，以防叶部徒长。群众的经验是“地不干不浇，地发白才浇”。此期浇水量比前期多。

肉质根生长盛期应充分均匀地供水。肉质根生长后期仍应适当浇水，以防糠心。早春播种的萝卜应在晴天上午浇水，以免夜间地温太低。

3. 中耕、追肥　应勤追肥、勤中耕，以促进萝卜营养生长，抑制抽薹，这是春夏萝卜栽培的关键所在。第一次追肥在幼苗 2 片真叶时结合中耕施下，但必须浅耕，每 667 米$^2$ 施 1 000 千克稀薄人粪尿；第二次追肥在大破肚时，每 667 米$^2$ 施 1 500 千克人粪尿加硫酸钙和硫酸钾各 5 千克；第三次追肥在萝卜进入露肩期，用量和用法同第二次。幼苗期中耕宜浅，露肩期后适当深中耕。追肥需施于萝卜根旁，不可浇在叶片上，以免烧伤叶片。中耕时注意防止伤根，以免引起肉质根分叉、裂口、畸形等。

### (五)收　获

春夏萝卜主要在 5 月上旬收获。随着气温升高，萝卜抽薹速度加快，收获时，薹高不宜超过 10 厘米，否则萝卜易糠心和木质化，影响品质和产量。

## 第三节　夏秋萝卜栽培技术

夏秋萝卜在我国南方地区如武汉、上海、南京、重庆、长沙及广州等地6月底播种，高山7月上旬播种，夏末或者秋季采收，生育期在50～60天，南方地区均可选择这一栽培季节。这一时期南方多伴随高温暴雨，病虫害极易发生，因此这一类型萝卜是耐热、耐湿、抗病性强、生长速度较快的早中熟品种。

## 一、宜栽品种

### （一）双红一号

该品种是武汉市蔬菜科学研究所选育的杂交一代种。叶片中间类型，深绿色，主脉大红色，每株叶片数约24片，株高30～35厘米，开展度约50厘米，肉质根短圆筒形，长约16厘米，根粗约9厘米，出土部分8～9厘米，皮大红色，肉白色，品质好。每667米$^2$产量2 000～2 500千克。生育期50～55天，抗病性强。

### （二）夏抗40天

该品种是武汉市蔬菜科学研究所选育的杂交一代种。板叶，主脉淡绿色，每株叶片数约21片，株高约40厘米，开展度约58厘米。肉质根长圆柱形，长20～25厘米，根粗5～7厘米，出土部分10～13厘米，皮白色，肉白色，品质好。7月中旬播种，40天上市的，每667米$^2$产量约1 500千克；45天上市的，每667米$^2$产量约2 250千克；50

天上市的，每 667 米² 产量约 3 000 千克。较耐病毒病，适应性广。

### (三)短叶 13 号

板叶，叶黄绿色，向上微卷，主脉淡绿色，无茸毛，每株叶片数约 22 片，株高约 35 厘米，开展度约 37 厘米。肉质根柱形，长约 18 厘米，根粗约 5.3 厘米，出土部分 10～12 厘米，皮白色，肉白色，水分多，不耐糠心。8 月上旬播种，45 天上市，每 667 米² 产量约 1 000 千克。适宜南方种植。

## 二、栽培技术

### (一)播前准备

夏秋萝卜对土壤、前茬作物、水源条件要求十分严格。应选择沙性土壤和腐殖质较多的菜园土栽培，并要求排灌方便；避免与十字花科蔬菜，如春大白菜、春甘蓝、小白菜、春夏萝卜连作，以防病虫害的传播。前茬作物收获后清理田园，然后深翻炕地。

### (二)施 基 肥

播种前 5～7 天进行一次性施足基肥，每公顷施腐熟农家肥 45～75 吨，或三元复合肥 750～1 500 千克加菜饼肥750千克。随后三犁三耙，翻地深度应在20厘米以上，菜饼肥粉碎后与复合肥混合条施在畦中央，整地做畦，畦宽为100厘米(包沟)，畦高20厘米。

**(三)做　畦**

整地做畦必须根据地势和水源及土壤结构而定，地势平坦，地下水位高，土壤透气性差的地区应采取深沟高畦，这种方式既能灌溉又利于排水，而且活土层比平地深近1倍，透气性好，有利于肉质根的生长和膨大，是夏秋萝卜栽培的主要做畦方式。

**(四)播　种**

1. 适期播种　夏季播种萝卜，气温高，暴雨多，对种子质量要求高，除选用生长势强的杂交种外，还要注意种子饱满，24小时内出芽率80%以上。双红一号、夏抗40天无休眠期。有休眠期的品种在播种前必须进行发芽率试验。双红一号、夏抗40天、短叶13号萝卜从4月中旬开始可陆续播种，一直播到9月20日，但要解决8～9月份的秋淡，最佳播期是7月20日至8月5日。如果在6月份播种，则肉质根膨大期正遇7～8月份的高温，萝卜产量低，品质差。播前收听天气预报，要求在播后2～3天内无大暴雨，防止种子被大雨冲走和土表被冲板结，不利于出苗。

2. 播种密度及方式　每667米$^2$用种量500克左右，点播，每畦播2行，行距40厘米，双红一号和夏抗40天行距为20厘米，短叶13株距为17厘米。播种时按规定的株行距用锄背打穴，穴深1～2厘米，然后播种，每穴播5～7粒种子，将腐熟渣子肥和菜园土等份混匀后盖种。不能单用渣肥或单用土盖种，因为前者在高温下不能保湿，易灼伤和炕死幼苗；后者遇雨板结，不利于出苗。播种后立即浇水。

### (五)田间管理

夏秋萝卜生长在酷暑高温季节，其田间管理以浇水为最重要。除采用深沟高畦栽培以利于灌排外，还应讲究灌溉方法，既不能让萝卜受旱，又要防止土壤过湿。因为高温高湿常造成烂种、倒苗和萝卜黑心。另外，追肥要"少量多次"，还要注意防治黄曲条跳甲。

浇好出苗水是田间管理第一关。浇出苗水的方法是，在下午进行小水浸浇，待畦面潮湿后将水放掉。水不能浇得太多，更不能漫上畦面，否则容易烂种。若有个别地方没有浇好，可以挑水补浇，直至苗出齐为止。

出苗后，只要晴天下午2时左右植株外叶有萎蔫现象，就必须浇水。浇水应在下午5时后进行，浇水量因苗的大小而异，一般5片叶前，可浇半沟水，关一夜，第二天早上放掉。不能让土壤太潮湿，以防高温高湿造成倒苗。

第一片真叶时进行第一次间苗，每穴留3～4株壮苗；3～4片真叶时，第二次间苗，每穴留2～3株；5～6片真叶时进行定苗。出苗定苗必须与浇水、中耕、追肥结合起来。要求先中耕后间苗，幼苗期中耕要浅，以免锄动根须，中耕间苗后应及时浇清粪水，保证幼苗的正常生长。

夏秋萝卜生育期短，一般25天后进入露肩期。这时地上部分叶片生长旺盛，蒸腾作用强，需要足够的水分，同时肉质根入土较深，又不能浇水太多，否则会引起萝卜黑心和腐烂。所以这时应改浸浇为浇跑马水，采用大水快进快出。浇水必须在下午5时后进行，掌握三凉（天凉、地凉、水凉），使灌的水经过1夜的回潮，均匀散布，有利于萝卜生长。在萝卜膨大时盛期，每667米$^2$施人粪尿1500千克加磷酸钙和磷酸铵各5千克。

### （六）收　获

夏秋萝卜收获期较短，一般在5～10天，就是在单根250克时到糠心前收获。品种和播期不同，收获期有差异。就目前推广的品种而言，短叶13号，7月20日播种的，单根重长到250克需要45天，从250克长到400～500克只需7～8天，超过500克，萝卜就会糠心；夏抗40天7月20日播种，单根重长到250克只需40天，再长到500～600克时只需10天；而双红一号萝卜收获期可历时12～

15 天。就播种期而言，随着播期的延迟，收获季节天气逐渐凉爽，肉质根生长也逐渐减慢，而且市场价格也稳定下来，采收标准就可以在不影响品质的前提下考虑产量为主。为了保证萝卜鲜脆嫩，产量增加，可在收获期 1～2 天浇水 1 次。萝卜上市时应该按不同大小分级分期上市，提高商品率增加经济效益。

## 第四节　秋冬萝卜栽培技术

秋、冬季节为我国萝卜的主要栽培季节，秋季栽培，冬季收获，“秋冬萝卜”因而得名。秋季种植萝卜是萝卜周年生产中产量最高、品质最好的季节。一般长江流域 8 月底至 9 月中旬播种，11～12 月份可集中上市，本季节栽培品种宜选用中晚熟、抗逆性强、品质佳、根形美观、产量高的品种，如汉白一号、中秋白、双红一号、红宝、武青一号等品种。每公顷可产鲜食萝卜 75～90 吨(每 667 $米^2$ 产 5 000～6 000 千克)。

### 一、宜栽品种

#### (一)汉白一号

该品种由武汉市蔬菜科学研究所育成，利用具有自主知识产权的“萝卜异型保持不育三交种配制方法”配制而成，其特点是，生长速度快，产量高，根形美观，整齐度高，水分足，不易糠心。

特征特性：叶片类型为花叶，植株株高45厘米左右，开展度65厘米左右，根长25厘米左右，根粗7厘米左右，叶色浓绿，肉质根长圆柱形，收尾美观，皮白色，肉白色。武汉地区处暑之后即可播种，全生育期70～110天，每667米$^2$产量4 000～6 000千克。

### (二)中秋白

该品种由武汉市蔬菜科学研究所育成，其根形美观、抗热性强、生长快、产量高、品质好、不易糠心。处暑播种，可在中秋节前后上市。

特征特性：叶片类型为中间型，植株生长势强，叶色绿，肉质根为长卵圆形，皮白色，肉白色，肉质脆嫩，水分足。武汉地区立秋之后即可播种，全生育期50～60天，50天时每667米$^2$产量可达2 000千克。处暑至白露期间播种，全生育期需要60～80天，每667米$^2$产量可达5 000千克。

### (三)红宝萝卜

该品种由武汉市蔬菜科学研究所育成，其具有耐高温、入土浅、生长快、肉质紧密细嫩、皮色红亮、根形美观的特点。

特征特性：叶片类型为中间型，主叶脉红色，叶色深绿色，每株叶片12～14片，株高33厘米左右，开展度58厘米左右，肉质根圆形，根粗8～10厘米，根长8～12厘米。武汉地区7月下旬至9月中旬播种，9月下旬至12月份采收，每667米$^2$产量可达3000千克以上。

### （四）武青一号

该品种由武汉市蔬菜科学研究所育成，是采用武昌美浓萝卜与翘头青萝卜杂交后多代系选育而成，肉质水分少，是理想的加工类型萝卜品种。

特征特性：叶片类型为花叶型，叶色深绿，每株叶片数20片左右，株高67厘米左右，开展度80厘米左右，肉质根圆柱形，根长25厘米左右，根粗约8厘米，肉质根地上部皮色翠绿，入土部分白色，肉白色，肉质紧密，熟食加工兼用，抗逆性强，武汉地区8月25日至9月10日播种，生育期80～110天，每667米$^2$产量可达4500千克。

## 二、栽培技术

### （一）播前准备

秋冬萝卜宜选择土层深厚、土质疏松、排水良好的中性或弱酸性沙质土壤种植，前茬作物以茄子、黄瓜、西甜瓜、番茄、豆类为宜，尽量不要安排十字花科类蔬菜，以免病害的传播。如该地块已连作十字花科作物，播种前宜进行土壤炕晒或药剂消毒。秋冬萝卜生育期较长，且多为长根型品种，因此要求栽培土层深厚，具体可按冬春萝卜栽培要点中整地要求执行。部分红皮短根型萝卜和水果萝卜，可以平畦栽培。

### (二)施　肥

基肥的施用按照每公顷施用农家肥 60 吨(每亩 4 000 千克)，或菜籽饼肥 2 250 千克(每亩 150 千克)加三元复合肥 375 千克(每亩 25 千克)作基肥。农家肥捣碎后施下，三犁三耙，菜饼肥和复合肥可施条中央。

秋季雨水较多，施基肥时有几点需要注意：一是施基肥不能撒在表面，要深埋进活土层中，要不然雨水一多，肥料大部分会被水冲走，利用效率低下；二是注意硼肥的增施，秋冬萝卜后期生长旺盛，对营养物质需求较大，硼肥的缺少，会影响萝卜的品质，造成黄心、苦味。

### (三)做　畦

做畦可根据萝卜品种特征特性来安排，一般长根型萝卜做深沟高畦，短根型品种也同样推荐深沟高畦栽培，但也可平畦栽培。深沟高畦的活土层高，有利于萝卜肉质根的发育，有利于增加品种产量，具体做畦类型，可根

据地形态势选择“梳子型”或“长垄型”。

做畦规格，畦长4米、宽1米（包沟），沟深25厘米左右，活土层30厘米左右。畦面应保证平整，土质松散。

**（四）播　种**

1. *适期播种*　秋季南方气温较高，秋冬型萝卜抗热能力较差，如播种过早易发生死苗及感染病毒病，播种过晚对产量有较大影响。秋冬萝卜在武汉地区适宜播种期为8月25日至9月10日，各地可按当地情况调整播期。根据萝卜品种特性，可分期分批播种不同类型萝卜品种，即可避免本地大批萝卜的集中上市，导致价格波动大，也可在一个较长的时期内持续供应，保证农民的收入持续稳定。

2. *播种密度及方式*　秋冬长根型萝卜栽培方式宜选用冬春萝卜的栽培方式，即“点播”，每畦播两行，行距45厘米左右，株距25～30厘米，畦面使用打孔器或锄头打穴，穴深1～2厘米，每穴播种子3～4粒，用腐熟渣肥与菜园土混合后覆盖。一般每667米$^2$用种量为250～500克。

秋冬红皮短根型萝卜如双红一号、红宝等品种可以采用条播，播种前用菜园土拌种，控制播种的密度，一般短根型品种株距20～25厘米，行距35厘米左右。

根据品种的叶部特性和根部特性可以合理安排种植

密度，短叶、叶片稀少型萝卜可以适当密植，这样不但有利于光合作用的积累，同样也能提高产量。大叶片、叶片较多的萝卜品种还是应当稀疏种植。一般秋冬中小型萝卜品种每公顷株数11万～14万株（每亩7 000～9 000株），大型萝卜每公顷9万～12万株（每亩6 000～8 000株）。

**（五）田间管理**

秋冬萝卜播种后应立即浇出苗水，以防虫害，以利于出苗，但水不能浇至畦面，以免土壤板结，影响出苗，以后可根据天气情况，随排随灌。

幼苗期及时间苗、定苗，间苗时间和方法参考“冬春萝卜栽培技术”。第一次追肥可在幼苗的2片真叶长出时进行，一般每公顷施农家肥15吨（每亩1 000千克）；第二次在破肚时进行，每公顷施农家肥22.5吨（每亩1 500千克）、磷酸钙和硫酸钾各75千克（每亩5千克）；第三次在露肩期，用量同第二次相同。

在整个秋冬萝卜生长季节，要经常除草、松土，幼苗期中耕不宜过深，以免伤害萝卜幼根，引起后期的叉根、裂根及腐烂。

## 第五节　夏季高山萝卜栽培技术

萝卜属半耐寒性的蔬菜，喜温暖、凉爽、温差较大的气候,因此多以秋冬季栽培为主。20 世纪 90 年代初随着耐抽薹冬性强的品种大量出现,春萝卜栽培也有一定面积。夏季由于气温高,时干时涝,病虫害多,萝卜生长不良,常造成萝卜生产淡季。20 世纪 90 年代中期湖北省长阳县开始利用高山夏季凉爽的气候,规模栽培高山萝卜获得成功,由于在高山进行夏季萝卜栽培,生态环境好,土壤肥沃,投资少,栽培容易,产量很高,产品品质优良,适于长途运输,正值市场淡季因此经济效益较高。萝卜已经成为高山蔬菜中的主栽品种之一。

## 一、土壤选择

### (一)土　层

高山栽培的萝卜品种大多数为长白萝卜类型,此类品种的肉质根均为下胚轴伸长,对土层要求较高。种植高山萝卜的土层要在 30 厘米以上,才能满足萝卜肉质根的正常生长。

### (二)土　质

疏松的沙壤土生长的萝卜表皮光滑,品质与商品率高,壤土地因土壤质地坚硬不适宜种植高山萝卜。高山种植萝卜一般选择疏松的灰泡土,并要求石碴较少的田块。

### (三)pH

萝卜对土壤酸碱度的适应性较广，土壤 pH 在 5.0～7.5 均适合萝卜生长。高山萝卜土壤绝大多数偏酸，土壤 pH 大多在 5.0 以下。通过连续几年种植土壤酸化更为严重。我国高山萝卜主要种植基地之一的湖北省长阳县火烧坪的土壤，未种植蔬菜前土壤 pH 大多数为 5.5～6.3，现在土壤检测数据表明，大多数土壤 pH 都在 5.0 以下，很多土壤 pH 在 4.5 左右，有的甚至下降到 3.78。土壤 pH 过低导致萝卜生长不良，特别引起萝卜缺素症的发生严重，从而导致萝卜的品质和产量下降及经济收益降低。

### (四)有 机 质

高山由于常年气温比平原低，因此土壤有机质的含量一般要比平原高，多年生产经验表明，高产品质优良的高山萝卜基地土壤有机质含量一般高于 3%。

## 二、品种选择

应选择高产、抗病、条形好、叶姿平展、叶数较多、耐抽薹、耐运输的品种，并根据不同季节(早、中、晚熟)选择不同的品种。萝卜在收获时一定要有 18～22 片青叶。如果叶数少，叶姿直立，即使种植密度大也可能造成青

头、绿头现象。适宜的品种有天鸿春、特新白玉春、春雪莲、汉春一号等白萝卜品种。另外，种子籽粒大小要一致，发芽率在95%以上，2年以上的陈种子最好不用。

## 三、整地做畦

选土层疏松深厚、透气性好的地块，要求土壤中性或微碱性避免与十字花科作物连作，以减少病原。冬前深翻1次，越冬后再耕地1次，深耕多翻，打碎耙平，耕地深度26～40厘米。做畦方式，采取深沟高畦，以利于排水，做畦要直，加工用的大个型品种垄高30～35厘米，垄间距50～60厘米；鲜食的普遍栽培的中个型品种，垄高25～30厘米，垄间距35～40厘米。

## 四、施足基肥

高山萝卜种植大多实行一次性施肥，在施足基肥的情况下一般不追肥，如果后期脱肥喷施2～3次高效叶面肥。湖北省宜昌、恩施等地高山蔬菜基地种植夏秋萝卜，一般每667米$^2$施农家肥（猪、羊、牛栏肥）3 000千克，施三元复合肥100千克作基肥，效果很好。无公害化生产，施肥应以生物有机肥为主，可以明显改善土壤结构，提高萝卜品质和产量。如湖北省金旺、田头生物有机肥，每667米$^2$施基肥100～150千克。萝卜是喜硼作物，对硼的需求很敏感,高山萝卜基地本身硼元素缺乏,加上多茬种植带走的硼多,经常因缺硼引发萝卜大面积“黄心”。萝卜肉质根生长在地下,硼肥作基肥比叶面追效果要好。土壤速效硼低于 0.5 毫克/千克的每 667 米$^2$ 施硼砂 2～2.5 千克，土壤速效硼在0.5～1 毫克/千克的每 667 米$^2$ 施硼砂 1.5～2 千克，土壤速效硼在 1～1.5 毫克/千克的每 667 米$^2$ 施硼砂 1～1.5 千克,土壤速效硼高于 1.5 毫克/千克的可以不施。

## 五、除草、覆膜

### (一)杂草防除

高山土壤湿润,田间杂草生长旺盛,通常采用以下两种方式进行防止。一是把土壤整耕好、开沟、施肥、起好垄(高畦),10～15 天后,待杂草刚刚出土,每 667 米$^2$ 用百草枯 100～150 毫升喷洒垄面灭杀。二是起好垄后用异丙甲草胺喷洒垄面,然后覆盖地膜播种。

### (二)覆盖地膜

高山种植中不管哪个播种季节均用地膜覆盖,要做到“抢墒”覆膜。即先起好垄,待下雨足墒后迅速覆盖地膜。地膜选用打孔的为好。最好覆盖黑色地膜,使用液态地膜效果也很好。

### (一)播 种 期

根据市场情况与海拔高度进行分批次梯度播种,一般同一海拔段每个批次 10 天左右,每个批次的播种面积根据销售能力而定。海拔 800～1 000 米一般在 4 月上中旬开始播种;海拔 1 000～1 300 米 4 月中下旬开始播种;1 500 米以上海拔一般在 4 月底至 5 月初开始播种。无论哪个海拔段最后播种时间不迟于 8 月 10 日。

### (二)播 种 量

每 667 米$^2$ 用种量为 250～500 克。

### (三)播种方式

采用直播法。土质好的可直接点播,土质差的用直播器在畦面打孔或者人工用木棍、铁器打孔 10～12 厘米深,灌细土后播种一粒种子,再覆土厚 1 厘米左右。种子发芽率在 90%以下的采取“121”的播种方式,即间隔一穴播种 2 粒种子,如果种子在 80%以下每穴播种 2 粒,种子发芽率不足 70%最好不作种用。

### (四)密　度

每畦播 2 行,大个型品种株距 20～30 厘米,中个型品种株距15～20厘米,小个型品种可保持株距8～10厘米。

## 七、田间管理

### (一)间苗定苗

早间苗、定苗,萝卜不宜移栽,也无法补苗。间苗、定苗在子叶充分展开时进行。

### (二)中耕除草

除草应该在萝卜封垄前进行,封垄后一般不宜进行除草,后期除草易引起萝卜青头。

### (三)叶面施肥

高山萝卜种植在施足基肥的基础上一般不进行追肥,如果出现脱肥现象及时用绿叶先锋或天达2116或生命素等进行叶面施肥。叶面追肥结合病虫害防治进行,一般1～2次。每次应加0.1%～0.5%的硼肥防止萝卜缺硼引起萝卜肉质根黄心。

## 八、采　收

采收标准及要求:叶色转淡,地下茎充分膨大后及时采收;要求个头均匀,无须根、无泥、无分叉、无畸形、无糠心、无伤口、无黄心;根据各地区的消费市场对萝卜大小

的要求不同，采收标准也有所区别，有的地区要1千克以上的萝卜，有的地区要1千克以下的萝卜，所以要根据市场需要确定采收的大小标准。

预冷运输：进冷库预冷（2℃～4℃）10小时左右，装车保温运输上市。

## 九、高山萝卜种植容易出现的问题及对策

### （一）先期抽薹

高山萝卜先期抽薹的原因：促进花芽分化低温在5℃～10℃；低温期越长越容易抽薹，相同的处理时间下，低温—常温—高温—低温反复处理比连续低温情况更容易抽薹；露地早春栽培时，幼苗经过低温处理后经过高温长日照的组合，促进抽薹。

避免高山萝卜先期抽薹的相应对策：选择抽薹稳定品种；适期播种，如要提前播种以取得理想的商品价格，需要利用保护设施保持温度，如大棚、小棚、盖地膜等；氮肥充分可延迟抽薹；用10～50毫克/千克多效唑进行叶面喷施可拟制或减缓抽薹。

### （二）萝卜黄心

1. 高山萝卜黄心发生情况　萝卜黄心是指萝卜肉质根内部发生褐变，由于发生的程度不同，颜色由淡褐色—

褐色－深褐色－黑色，逐渐变深，生产上往往把这种萝卜叫做黄心萝卜。轻微的萝卜黄心在萝卜肉质根的横截面中间只隐约看到淡褐色小点，这种萝卜如果及时出售，对商品性影响不很大，但是这种萝卜的口感远不如正常萝卜，品质下降变劣。如果黄心略微严重，就失去商品价值，该病一旦发生，往往整块成片的萝卜全部报废，形成丰产绝收，损失惨重。

高山萝卜黄心发生面积较大。高山萝卜黄心发生比低山及平原地区普遍，而且相对重一些，很多高山萝卜产区都曾大面积发生过萝卜黄心，造成的损失也很大。如1998－2002 年湖北省高山萝卜主产区长阳县火烧坪萝卜有 30％～40％发生了黄心，2004－2006 年湖北省恩施市的利川、鹤峰、巴东等高山萝卜也曾大面积发生黄心。

2. 高山萝卜发生黄心的原因　现在萝卜黄心经常发生，而且发生的面积不断增大，损失严重，主要有以下几个方面的原因。

第一，萝卜黄心主要是由缺硼素引起的生理病害。高山萝卜基地大多土壤缺硼，土壤有效硼的含量较少，很多土壤有效硼的含量不到 0.3 毫克/千克，有的土壤有效硼的含量甚至不到 0.1 毫克/千克。

第二，高山萝卜栽培连作重茬严重，有的萝卜基地每年两茬萝卜，很多地方连续种植多年，有的达 10 年以上。

第三，萝卜施肥现在有机肥施用比过去大大减少，生产上为了防止萝卜歧根发生，往往不施用农家肥，土壤有机质的含量下降明显，加上忽视微量元素肥料的施用，特别是硼肥的施用。

第四，现在种植的萝卜品种大多数是大型品种，而且生长时间短，生长速度快，对硼肥的需求量大，对土壤硼的消耗量也大。

第五，很多高山萝卜基地都是坡地，土壤养分淋溶流失严重，包括硼的流失。

第六，不少萝卜基地不知道萝卜黄心发生的原因，把萝卜黄心当作其他病害来防治。

第七，施入劣质、假冒硼肥。市场上一些肥料经销商为贪图高额利润，不惜采取"挂羊头，卖狗肉"的不法手段，即用硼镁肥来替代硼砂（硼砂批发价为 2 000 元/吨以上，而硼镁肥的批发价仅为 500 元/吨）。其实硼镁肥主要成分为硫酸镁，其中含 3%左右的硼素仅为生产硫酸镁而产生的副产品，因此硼镁肥无法补充作物所缺的硼素。

第八，施硼方法不正确，造成局部萝卜发生硼害，局部缺硼导致萝卜黄心。如长阳火烧坪一农户的一块田中就出现这种现象。通过检测，多硼的地方硼的有效含量高达 4.89 毫克/千克，少的地方只有 0.25 毫克/千克。

3. 萝卜黄心防治方法

(1) 进行土壤检测　高山萝卜基地最好 1～2 年进行 1 次土壤检测，查清土壤养分状况。硼对作物来讲在 16

种必需元素中是比较敏感的元素，就是说既少不得也多不得。通常把 0.5 毫克/千克土壤有效硼的含量作为丰缺指标。但萝卜对硼的需求量大，也对有效硼含量有较高耐性。当土壤有效硼的含量达到 1.5 毫克/千克时也不会出现硼害。如果土壤有效硼低于 1 毫克/千克时就应该考虑补施硼肥。

(2) 基施和追施相结合　不缺硼的土壤(有效硼 1 毫克/千克以上)只进行叶面追施硼肥，完全可以防止萝卜黄心的发生。如果土壤缺硼(有效硼低于 1 毫克/千克)单独采用叶面追施也有一定效果，但是萝卜与其他蔬菜不同，萝卜的肉质根是向下生长的，矿物元素向下传导相对较慢，加上萝卜生育期短，生长速度快，因此如果遇到天气原因、叶面追施次数不够或追施时间不到位，有时往往也造成萝卜黄心的发生。在土壤不缺硼的情况下只基施硼而不进行叶面追施硼肥，有时候效果也不很好。这是因为虽然土壤不缺硼，但是由于其他元素拮抗或天气干旱等原因导致萝卜对硼吸收发生障碍，也会发生萝卜黄心。

(3)注意施用方法和施用量　基施：当土壤有效硼的含量在 0.8～1 毫克/千克时，每 667 米$^2$ 施硼砂 1 千克，或持力硼或车马硼 200 克；当土壤有效硼含量在0.5～0.7 毫克/千克时，每 667 米$^2$ 施硼砂 1.5 千克，或持力硼或车马硼 300 克；当土壤有效硼含量在 0.5 毫克/千克以

下时，每 667 米$^2$ 施硼砂 2 千克，或持力硼或车马硼 400 克。进行基施硼肥时要特别注意均匀，避免造成局部多硼导致萝卜发生硼害，部分缺硼导致萝卜发生黄心。生产上常常先把硼肥掺入 10 千克细土中，充分搅拌后再拌入基肥中，然后均匀撒入地里。叶面追施：在基施硼肥的基础上一般在萝卜肉质根膨大前叶面喷施速乐硼 0.1%～0.15%（700～1 000 倍液）的水溶液 1～2 次，如果土壤缺硼又没基施硼肥，就应在萝卜苗期、萝卜肉质根快速生长前和快速生长期各进行叶面追施硼肥。叶面追施硼肥可结合防治病虫害进行。

（4）轮作换茬　一年之内不要连续种植两茬萝卜，现在连续种植多年的田块必须与其他蔬菜进行轮作，与玉米和豆类作物轮作效果更好。这样不仅可以减轻萝卜黄心、糠心等缺素症，而且可以大大减轻病虫危害。

（5）增加有机肥　有机肥矿物元素含量全面，并且能较好保持包括硼在内的微量元素不流失。生产上怕施农家肥造成萝卜歧根，往往不施农家肥。萝卜施用农家肥只要方法得当，是不会造成萝卜歧根的。施用农家肥必须把握两点：一是要腐熟；二是在前茬作物上增加施用量。

（6）防止水土流失　在降雨多的地区和雨水多的季节采用地膜覆盖，避免土壤养分淋失。

（7）合理操作　充分应用测土配方平衡施肥技术，结合合理灌溉等农事操作防止萝卜黄心效果更好。

(三)叉　根

1. 主要原因　主根根尖生长被破坏，根端生长点发育形成两个或多个歧根。使用多年的陈种子、土壤石碴多、施未腐熟的有机肥、施肥方法不当及地下虫危害都是造成叉根的主要因素。

2. 防止对策　选择疏松、石碴少的土壤；不用3年以上的陈种子；施腐熟有机肥并且要开沟深施；并做好地下害虫防治。

(四)生长停滞——僵苗

1. 田间表现　植株出苗正常，生长至4～5片叶时生长减慢，下部叶片的叶缘逐渐变淡变黄，叶姿塌地生长，地下部生长明显缓慢，但看不出病变。轻者可形成肉质根，但生长期明显加长，重者后期停滞生长，下部叶片全部枯黄，只有2片心叶绿色，不能形成肉质根，绝产无收。僵苗成片成块发生，在老萝卜基地发生较普遍。

2. 发生的原因　萝卜土壤的pH为5.3～7.0为宜。由于高山萝卜多年连续种植，重茬严重及不合理的施肥，造成土壤严重酸化。土壤酸度过大导致萝卜植株吸收功能下降，加之在过酸的土壤环境下钾、钙、镁等矿物元素活性降低，萝卜生长过程中根系呼吸作用增加了根际酸

度，因此萝卜苗生长到一定大小生长减慢，到后期甚至停止生长。一般土壤 pH 低于 5 时萝卜僵苗开始发生，pH 低于 4.5 时僵苗发生严重。

3. 对　策

（1）撒施石灰　pH<6 的土壤每 667 米$^2$ 撒施石灰 75～100 千克，2～3 年 1 次；pH<5.5 的土壤每 667 米$^2$ 撒施石灰 100～200 千克，2 年 1 次；pH<5 土壤 667 米$^2$ 撒施石灰 200～250 千克，1 年 1 次。撒施时间一定要在萝卜播种前一个月进行，撒后用整耕机把上、下土壤搅匀，使土壤酸碱中和。撒施石灰不仅可以起到调节土壤酸度的作用，还可以起到补钙和杀菌的作用。

（2）合理施肥　测土配方施肥，施用钙镁磷肥和钙镁钾肥。

（3）应急措施　如果田间出现僵苗现象可进行多次绿叶先锋、天达 2116 等叶面施肥，这样也可以获得一定的产量。

## 第六节　加工萝卜栽培技术

我国加工萝卜生产主要集中在江、浙、粤地区，目标为出口日、韩市场。加工品种类型主要为长根型（>50 厘米）、青首型（水分<95%）、白皮型。长根型品种主要为整条加工；青首型水分含量低，多为压制和腌制；白皮型

水分较多，一般切为萝卜条进行泡制，韩国人较为喜欢食用。

国内南方部分地区也有腌制萝卜的习惯，多采用当地地方特色品种，腌制萝卜干或晒成干萝卜丝，风味多样，口感各异。

## 一、宜栽培品种

### （一）武渍一号

该品种是武汉市蔬菜科学研究所育成的一个加工专用型品种。中晚熟。花叶，浅绿色，株高约 50 厘米，开展度约 51 厘米。叶片数 24～26，肉质根长圆柱形，根长 50～55 厘米，根粗 4～5 厘米，露肩部分约 20 厘米，皮白色，肉白色，肉质致密，含水量少，秋季种植生育期 80 天左右，每 667 米$^2$ 产量 4 000 千克左右。

### （二）武青一号

中晚熟品种。花叶，叶片绿色，主脉淡绿色。株高 40～50 厘米，肉质根长圆柱形，长约 28 厘米，根粗 8～9 厘米，出土部分约 4 厘米，肩翠绿色，入土部分白色，品质好，抗逆性强，耐病毒病、产量高，每 667 米$^2$ 产量可达 4 000千克。武汉地区 8 月中旬至 9 月下旬之间播种，每 667 米$^2$ 用种量 0.5 千克左右。点播，每穴 5～7 粒籽，株

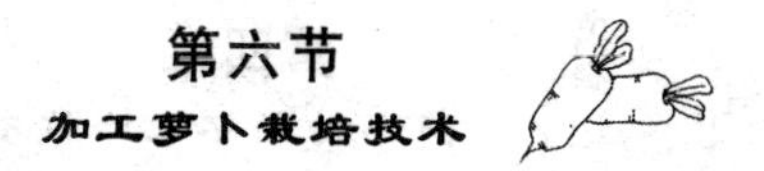

行距30厘米×45厘米。

### (三)萝芥一号

该品种系利用萝卜与芥菜杂交后获得。其叶片为花叶芥菜类型,叶色浓绿。其开展度为80厘米,根长28厘米,根粗9厘米,单根重0.75千克。表皮入土部分为白色,露地部分为青绿色。其水分含量为91%左右,且耐糠心,十分有利于腌制。武汉地区处暑至白露期间播种,每667米$^2$栽6 000株左右,产量5 000千克左右。

### (四)水晶一号

特早熟,抗病,耐热。叶直立,花叶或板叶,叶数10片左右,叶长25～28厘米。萝卜根长13～18厘米,大小均匀,美观脆嫩,纯白。腌制采收小萝卜约35天即可上市,也可膨大至55天采收鲜食。

### (五)干 理 想

该品种从日本引进。播种后75天可收,整齐度高,抗黄萎病,根形细长,肩部尖,糠心迟,易于干燥,根长约45厘米,单根重0.7～0.9千克,如延迟收获,根长可达50厘米,重1.2千克左右。一般9月上旬播种,11月份收获。

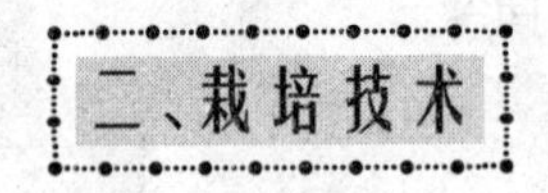

## 二、栽培技术

### (一)播前准备

加工型萝卜多在秋、冬季种植，其耐寒性、抗热性较差，但长势较快。大部分加工型品种为长根萝卜，因此播前需严格平整土地，不能两边高中间低，深翻、三犁三耙，充分碎土，增加活土层深度，否则造成畸根、叉根将严重影响收入。

### (二)施　肥

耕前每667米$^2$施腐熟、粉碎的有机肥2 000千克，三元复合肥(N∶P∶K为8∶3∶9)50千克。萝卜长到破白(35天左右)看苗追肥1次，肥料可用速效肥尿素8～10千克/667米$^2$。施肥要均匀撒施，或施于畦中央，不宜点状施肥。

### (三)做　畦

根长超过50厘米的长根型加工萝卜栽培推荐采用深沟高畦(长垄型)，畦宽1米，畦高为40厘米左右，活土层要达到50厘米，以利于萝卜肉质根的下扎。中型品种及短根型品种，可按照秋冬萝卜栽培方法进行开畦。

### (四)播　种

1. 适期播种　武汉地区8月中下旬至9月上旬播种。播早了,天气炎热,萝卜病虫害严重,商品性差。播晚了,萝卜生长后期温度低,生长期不足,肉质根发育不成熟。

2. 播种密度及方式　在畦上开2厘米深的浅沟点播,株距30厘米,平均行距50厘米,每穴播种3～4粒,每667米$^2$播5 000～6 000穴,用种量300～500克。播后搂平或用细土盖实,然后灌水,一般采用浸灌,当水浸出畦面为宜,使得畦体吸收充足水分。

### (五)田间管理

1. 间苗定苗　苗出齐后,在第二片真叶展开时,进行第一次间苗.每穴留2～3株;4～5片真叶时定苗,每穴留1株。间苗时去弱留强,杂株苗应间掉。

2. 中耕除草　封行前要适时中耕除草,保持土壤疏松,促进正常生长,切忌伤根。

3. 分次追肥　对基肥不足、土壤肥力较差、长势差的地块,应适时追肥。定苗后可适当追肥。每667米$^2$用尿素5～7.5千克或腐熟稀人粪尿对水泼浇。播后35～40天,肉质根"露肩"时,应重追1次。

一般每667米$^2$追尿素10千克左右、硫酸钾10千克、过磷酸钙 8～10 千克、硼砂 0.5 千克，硼肥可与 0.2% 磷酸二氢钾液混合叶面喷施。

4. 浇水与排水　苗期需水量不大，但根系欠发达、干旱时应及时浇水，保持表层土壤湿润即可。切忌大水漫灌。肉质根生长后期，要均匀供水，保持土壤湿润，做到即浇即排。土壤水分过高或过低易导致肉质根根痕突起，表面粗糙，影响品质。多雨天气要及时排水，防止积水造成沤根、烂根、裂根及病害。

5. 病虫害防治　主要害虫有蚜虫、菜青虫、钻心虫、小地老虎、黄曲条跳甲等，可用 25% 氰戊菊酯乳油 2 000～3 000 倍液喷雾。主要病害有病毒病、霜霉病、软腐病、黑腐病等，发病时要及时拔除病株，避免蔓延，并使用霜霉威、井冈霉素、农用链霉素防治。国外某些国家对进口农产品农药残留检测十分严格，所以在加工型萝卜的农药使用上要严禁使用有机磷、有机氯农药，或咨询当地农业部门了解禁止使用的农药目录。

## 第七节　叶用萝卜与萝卜芽菜生产

### 一、叶用萝卜生产技术

叶用萝卜是指专供食用其叶片部位的一类萝卜品种，这类萝卜品种具有抗逆性强、生长快、叶面无茸毛或

少茸毛、口感好等特点。萝卜叶富含多种维生素及矿物质，萝卜叶子所含维生素C的含量比萝卜根高出2倍以上，矿物质元素中的钙、镁、铁、锌以及核黄素、叶酸等含量高出萝卜根3～10倍，尤其是维生素K的含量更是远远高于其他食物，所以说萝卜叶是人体摄取天然维生素K的最佳食品。因此，常食萝卜叶，有一定的预防近视眼、老花眼、白内障的作用。萝卜叶的膳食纤维含量很高，可预防便秘、预防结肠癌，其味道有点辛辣，带点淡淡的苦味，可以帮助消化，理气、健胃，有润肤养颜的作用。民间俗语曰："萝卜缨子是个宝，止泻止痢效果好。"

目前栽培的叶用萝卜品种一般都具有抗热、耐湿、生长速度快的特点，20～25天即可上市，全年均可栽培生产，适合有机栽培。叶用萝卜在日本、韩国、我国台湾省流行后，现在我国很多省(市)地区开始种植叶用萝卜。

### (一)营养价值

萝卜叶营养成分均衡，每100克萝卜叶所含营养素如下：热量(20.00千卡)，蛋白质(1.60克)，脂肪(0.30克)，碳水化合物(4.10克)，膳食纤维(1.40克)，维生素A (118.00微克)，胡萝卜素(710.00微克)，硫胺素 (0.03毫克)，核黄素 (0.13毫克)，烟酸(0.40毫克)，维生素$B_2$ (0.63毫克)，维生素C (51.00毫克)，维生素E(0.87毫克)，钙(238.00毫克)，磷(32.00毫克)，钠 (43.10毫克)，镁(13.00毫克)，铁(0.20毫克)，锌(0.29毫克)，硒(0.82微克)，铜(0.04毫克)，锰(0.45毫克)，钾(101.00毫克)。我国自古以来就注重"医食同源，药食同源"，日常生活中注重饮食的品质，饮食的搭配对健康是十分有益的，中医认为"萝卜缨子"性平、味甘苦能理气、消食、补血的功效。

## (二)主要品种

1. 美绿　该品种原产日本，叶形为板叶形，叶色浓绿，叶面无茸毛，生育快速强健，全年均可种植。叶长20～30厘米，叶数6～9片可采收。

2. 津绿　叶片无毛，宽大，色绿，品质好，生长迅速。适宜速冻，脱水加工及国内鲜食市场。起畦播种，行距18厘米，株距6厘米左右，生产过程中要间苗、定苗，加工用途叶片一般在35～40厘米收割。

3. 台中一号　植株叶面无茸毛且平滑，株形半直立，株高约32厘米，平均叶数7.5片。种子为红褐色、扁圆形、千粒重平均13.2克。全年四季平地皆可种植，播种后25～30天，植株达到7～8片叶即可采收。

## (三)栽培技术

1. 播前准备　选择排灌方便，土壤疏松，富含有机质的沙质土壤，pH在5.6～6.8最佳。前茬作物不要安排

十字花科蔬菜，如大白菜、小白菜、甘蓝等，防止土传病害的交叉感染。

2. 施肥　叶用萝卜生长期短，应多施速效肥，以腐熟的有机质肥为主，需氮肥较多。每公顷施用充分腐熟农家肥 30 吨（每亩 2 000 千克），三元复合肥 300 千克（每亩 20 千克）作基肥，三犁三耙，充分混合肥料，肥料于整地时先予以撒施。第一次追肥在叶生长到 1～2 片时进行，第二次追肥在叶有 3～4 片时进行，追肥采用撒施或浇灌。第一次追肥每 667 米$^2$ 可追施尿素 1.4 千克，第二次追肥时每 667 米$^2$ 追施尿素 0.8 千克。

3. 做畦　做畦要根据季节、地势和土壤结构而定。夏季栽培一般选用地势平整、透气性好、排水方便，深沟高畦栽培，秋季和春季由于气温低，需水量少，多采用平畦栽培，高畦一般畦宽 1 米（包沟），畦面 50～60 厘米，平畦畦宽 150 厘米（包沟），畦面宽 100～110 厘米。

4. 播　种

（1）适期播种　南方地区冬、春季及春、夏季栽培叶用萝卜需要利用保护地进行栽培，一般采用大棚＋小拱棚模式，夏、秋季栽培应选择耐热性强、抗逆性强的品种，基本整个夏季都可以安排种植。

（2）播种密度及方式　叶用萝卜种和普通萝卜种完全一样，播种采用撒播方式，由于萝卜种颗粒较大，因此不用拌种，直接撒播即可。每平方米应均匀撒下萝卜种

3～6 克(400～800 粒)，每 667 米$^2$ 需种 2～4 千克。

5. 田间管理　叶用萝卜的种植对田间管理较为严格，叶用萝卜品种叶片部一般都无茸毛，较为脆嫩，其对病、虫害的抗性和抵御能力均较弱，因此需要积极地进行田间管理工作，一般田间管理主要有以下两个方面：一是除草，由于叶用萝卜栽培密度较高，容易导致杂草生长，应积极除草；二是病虫害防治，萝卜对病害抗性较小白菜强，一般感染较多的为病毒病和霜霉病，这两种病害只要把握好不轮作，炕地，通风，适度浇水的几个原则基本可以预防发生。虫害多为萝卜蚜、黄曲条跳甲，可在大规模暴发前用药物防治。

6. 及时间苗　间苗工作应结合采收工作进行，间苗的同时进行除草。叶用萝卜生育期短，夏季 15～20 天即可上市，因此分期分批多次收获不但能提高收入，而且能保证产品的不断上市。对于播种过于密集的田块，应进行间苗，否则会影响幼苗的生长，导致生育期延长。

## 二、萝卜芽菜的生产

萝卜芽菜是指萝卜种子催芽生长的芽苗。萝卜芽菜营养丰富，口味独特，口感爽脆，味道鲜美。在日本、韩国开发成一种高档的无公害蔬菜，在日本被称为“营养菜”、“开胃菜”，是日本市民每天不可缺少的一道菜。我国在

# 第七节

## 叶用萝卜与萝卜芽菜生产

20世纪80年代后期从日本引进栽培和种植，由于我国萝卜种子价格高以及市民消费习惯差异致使萝卜芽菜在市场上的需求量较小，随着人民生活水平的提高，人们对高品质生活的需求，萝卜芽菜这一健康、营养蔬菜需求量肯定会不断增长，下面介绍几种萝卜芽菜的生产方法。

### (一)温室大棚生产法

1. 大棚温室的设计和构造　建造大棚要根据每天的芽菜生产量来定。如计划每天上市100千克芽菜，按每0.2米$^2$面积生产1千克芽菜的产量计算，100千克就需要20米$^2$。按冬季每10天1个种植周期，就需要建设250米$^2$的大棚。大棚地面应采用水泥硬化，种植畦面1.2米，排水沟30厘米。芽菜清洗包装间预留30米$^2$为宜。

2. 基质　芽菜种植畦面基质宜选择瓜米石，瓜米石有利于芽菜采收后回收再利用，而且采收的芽菜不沾泥土，有利于清洗，大大节约生产成本。

3. 品种选择　芽菜对品种要求不高，要求芽菜茎秆为白色，种子千粒重在12～13克，种子净度和发芽率在98%以上，发芽势强，种子颗粒大小均匀，不能使用带病或者发芽、发芽率低的种子，否则会降低产量及芽苗质量。

4. 催芽与播种

(1)催芽　在播种前24小时，将种子浸泡4～5小时，然后在25℃左右条件下催芽，待种子发芽80%以上后进行播种。

(2)播种　将5厘米厚的瓜米石铺在水泥畦面上，畦面与排水沟有一定坡度，畦面要求平整，适当压实，然后播种，每平方米播种量为0.4～0.5克，播种完盖上瓜米石后，厚度以看不见种子为宜，浇水量以畦面有水溢出为宜。

5. 生产管理　萝卜芽菜喜温暖、湿润的环境，不耐干旱和高温，对光照要求不严格，芽菜从播种至采收前1～2天，应在弱光下生长，播种后在芽苗床上覆盖2厘米厚海绵，海绵气孔中等，有利于透气，海绵可以遮光，同时具有一定压力，有利于下根部的向下生长。若种植期间太阳光太强，可在大棚外加盖遮阳网，温度太高应进行通风换气，温度太低可进行加温。芽菜每天浇1～2次水(一般秋、冬季每天1次，夏季1天2次即可)，浇水可选择浇清水或营养液，营养液可提高芽菜产量。

6. 绿化及采收　当苗高8～10厘米时，将海绵揭去，进行绿化，绿化1～2天后，幼苗逐渐变绿，完成绿化过程。一般在播种后7～8天时进行采收，采收时要求手握满把，连根拔起，在清水里洗净，整理整齐，去掉根部，捆扎包装，然后冷藏进行销售。

## (二)工厂化芽菜生产法

由于萝卜为半耐寒性蔬菜，幼苗适应温度范围较广，

可以采用多种设施进行生产。冬季利用日光温室、改良阳畦。夏季可利用遮阳网棚生产,农家庭院、空闲房屋、闲散空地可设置栽培架进行生产。为了使萝卜芽菜周年生产、周年供应,可采取工厂化生产法进行生产。

工厂化生产萝卜芽菜法,日本较为领先,早在 20 世纪 90 年代,日本就实现了全自动控制工厂化萝卜芽菜生产,主要包括自动播种机、自动补水机、自动调节温、湿度设备、调节光照以及自动包装机。我国目前工厂化生产萝卜芽菜主要是利用温室和房屋内设置栽培架、栽培盘进行生产。

1. *设施要求* 选择工厂化生产萝卜芽菜的厂房一般选用能遮光的日光温室比较合适,主要是利用太阳光增加温度,节约能源,降低成本。温室的面积可根据生产规模大小来定,如计划每天上市 200 千克芽菜,按每平方米面积生产芽菜 24 千克来算,就需要 8 米$^2$ 空间。按每 10 天 1 个种植周期来算,就需要 80 米$^2$ 空间,加上走道等公共空间,温室厂房应在 100～120 米$^2$。

2. *生产技术*

(1)消毒处理 工厂化生产芽菜由于生长环境密闭,温度、湿度较高,容易引发病菌的感染,在生产过程中,首先对工具及芽盘进行严格消毒,及时清除腐烂和被感染的芽菜,以防蔓延。应确保所用消毒药品无污染,无残留。

(2)种子处理　在浸种前用0.2%漂白粉混悬液浸泡1分钟对种子进行消毒处理,经筛选的种子然后在室温下浸种4～5小时,使种子充分吸水,以利于种子发芽,然后再在20℃～25℃条件下催芽24小时左右,待种子出芽80%以上再进行播种。

(3)播种　生产芽菜一般选用塑料盘和层架,播种前将苗盘消毒洗净,播种前盘底铺上吸水纸或薄海绵等,用水淋湿后将已催芽的种子均匀地撒播上,播种的原则是在种子互相不重叠的前提下尽量密播,播种后将苗盘放在黑暗或弱光处层架上。

(4)播种后管理　种子播种后每隔6～8小时喷水1次,每天喷水3～4次,4天后子叶长出,再过1天子叶微开,待芽菜在采收前2天进行绿化培养,绿化培养期间每天喷水2～3次,为了使芽苗肥壮、脆嫩,在浇水时每天可喷1次营养液,营养液成分为(每升水中毫克数):氮100,磷30,钾150,钙60,镁20,铁2,硼1,锰6,钼0.5。

(5)生产管理及绿化采收　萝卜芽喜温暖、湿润的环境,不耐干旱和高温,整个生长期应安排在黑暗和极弱光环境中,当芽菜长度达到8～10厘米时,进行见光处理,处理2天后叶片绿化即可带盘上市,芽菜的上市标准应保证芽菜胚轴直立,洁白,子叶翠绿。

## 第八节　萝卜无公害栽培技术

无公害蔬菜被国家农业部列为绿色食品的范畴。农

业部规定中指出:绿色食品是无污染的安全、优质营养类食品统称。绿色食品必须具备以下条件:一是产品和产品原料的产地必须符合农业部制定的绿色食品生态环境标准;二是农作物种植、畜禽饲料、水产养殖及食品加工必须符合农业部制定的绿色食品的生产规程;三是产品标签必须符合农业部制定的《绿色食品标志设计标准手册》中的有关规定。生产无公害萝卜,达到绿色蔬菜上述3个标准,必须做好以下几个方面的工作。

## 一、无公害萝卜生产基地的建立

进行无公害萝卜栽培必须避免工业"三废"的污染。萝卜地的土壤、水质等要素要达到国家规定的标准。

进行选择无公害萝卜生产基地首先是了解过去的环境情况,掌握目前周围的环境状态,最后通过化验分析才能确定。

## 二、无公害栽培技术

### (一)萝卜无公害病虫害防治技术

萝卜是一种抗逆性较差的蔬菜。萝卜的病虫害种类比一般蔬菜稍多,由于连作、传播等问题,病虫害发生越来越烈,对萝卜进行无公害病虫害防治应从以下几个方面做起。

1. 种子的选择　选用抗病、优质、丰产、抗逆性强、适应性与商品性好的品种。种子质量:纯度≥95%,净度≥95%,发芽率≥94%,水分≤8%。

2. 实行轮作　多数害虫有固定的寄主,利用这一特点,在同一地块一年中实行轮作,种植一些害虫不喜食的蔬菜,可减少害虫数量。萝卜应选在2年内未种植过十字花科类作物的田地。

3. 土壤消毒　土壤消毒是利用物理或化学方法减少土壤病原菌的技术措施。一般在前茬清理完毕的基础上,深翻30厘米,并晒垡,可加速病株残体分解和腐烂,使病原菌失去依托,还可把菌核等病菌深埋入土中,使之失去侵染力;夏季闭棚提高棚内温度,使地表温度达50℃～60℃,处理10～15天,可消灭土表部分病原菌;播种前2～3天喷药,每667米$^2$用50%辛硫磷乳油0.3千克加50%多菌灵可湿性粉剂0.6千克均匀喷施畦面进行土壤处理,喷施后用人工耙细平整畦面,播种前3～5天畦面浇透底水。

4. 调整播种期,回避危害盛期　害虫的发生有一定规律,每年都有为害盛期和不为害时期。蚜虫在8月份是为害盛期,9月份减少,10月份开始进入越冬场所。根据这一规律,萝卜的秋冬栽培适当晚播,可避开蚜虫为害。蚜虫为害减少,又避免了病毒病的发生。

## (二)萝卜无公害施肥技术

1. 增施有机肥　萝卜对氮、磷、钾的吸收量较大,是一种需肥量较高的作物。每生产 4 000 千克萝卜,大约需要从土壤中吸收氮 8.5 千克、五氧化二磷 3.3 千克、氧化钾 11.3 千克、氧化钙 3.84 千克,其比例大致为 2.5∶1∶3.4∶1.2。施足基肥是萝卜优质高产的基础。施用有机肥,特别是腐熟的,用酵菌素沤制的有机肥,可大大降低蔬菜中的硝酸盐含量。

2. 合理追肥　追肥应掌握前轻后重的原则。第一次追肥在幼苗长出 2 片真叶时,在行间每 667 米$^2$ 追施硫酸铵 10～15 千克;第二次追肥在定苗后,当萝卜"破肚"时,每 667 米$^2$ 追施三元复合肥 15～20 千克。对生长期短的中小型萝卜,经 2 次追肥后,萝卜肉质根会迅速膨大,可不再施追肥;而对大型的萝卜,生长期长,待萝卜露肩时,还应每 667 米$^2$ 追施硫酸钾复合肥 10～25 千克。收获前 20 天内不应施用速效氮肥。

3. 配方施肥　根据土壤原有的营养元素含量,萝卜生长发育的需要量,肥料的特性,在施用有机肥的前提下按比例增施肥料,叫配方施肥。我国大部分土壤缺少一种或者几种微量元素,施肥中增施微量元素如硼、锌、锰、铁等不但有增产作用,兼有降低化肥污染的作用,且不会因为施肥过量造成硝酸盐污染。

## (三)改进栽培技术

在萝卜栽培中,正确、科学管理都能提高植株的抗病性和抗虫力,从而减少农药污染。因此在萝卜无公害栽培中,应采用地膜覆盖、纱网覆盖保护、滴灌技术、二氧化碳施肥、人工控温、人工补充光照等综合配套技术。

## (四)萝卜的无公害包装、贮存、保鲜

为防止萝卜等在采收后、食用前的第二次污染,应实行采收、加工、精包装、贮运一体化。有条件时,可利用塑料袋包装或真空塑料袋包装;用紫外线灭菌防腐;用纸箱大包装,恒温运输;卫生清洁,冷库贮藏库贮存保鲜等技术和设施,保证萝卜不腐烂变质,不受其他微生物侵染,不受其他有害物质污染。

# 第五章 萝卜主要病虫害及其防治

萝卜病害的防治，目前以推广抗病品种和加强栽培管理、实行轮作等农业措施为主，生产上用药较少。与病害相反，萝卜害虫的防治以使用农药为主，但由于频繁用药，使害虫产生了很强的抗药性。因过多使用农药，既大量杀伤天敌，又污染产品和环境。只有通过合理用药，换用新药剂，交替用药和实行综合防治，才能克服和防止这一现象的发生。

## 第一节 主要病害及其防治

萝卜属十字花科蔬菜，一般危害十字花科蔬菜的病害一般也危害萝卜。萝卜的病害有病毒病、霜霉病、黑腐病、黑斑病、白斑病、白锈病、炭疽病、根肿病和青枯病等。病毒病发生普遍，在北京地区，该病是秋冬萝卜的主要病害之一，一般田块发病率在20%以上，甚至有的田块全部发病，给产量和品质造成极大损失。霜霉病和

黑腐病发生比较普遍，如果条件适宜，引起流行，损失也较大。黑斑病是十字花科蔬菜上常见的一种病害，分布很广，一般危害不重，但在东北、华北的部分地区，有时亦可造成流行。白斑病发生普遍，常与霜霉病同时发生，引起叶片早期枯死。炭疽病分布很广，各地都有发生，但以长江流域各省危害较重，该病危害白菜、萝卜、芜菁和芥菜。白锈病除危害油菜、萝卜和白菜外，还能危害芥菜、芜菁、甘蓝、花椰菜等十字花科蔬菜，但以油菜、萝卜受害较重。根肿病主要发生在长江以南各省，仅危害十字花科蔬菜作物，主要有大白菜、芥菜、甘蓝、萝卜等。感病蔬菜苗期即可受害，严重时甚至死亡。成株期受害后，根部肿大，随后很快腐烂，全株枯萎死亡。青枯病主要发生在南方地区。

## 一、病毒病

萝卜病毒病全国普遍发生，尤其以夏秋萝卜受害最重。

### (一)发病症状

感病萝卜大多整株感病，心叶初现明脉症，逐渐形成轻花叶型斑驳，叶片稍皱缩，严重病株出现重花叶和疱疹叶。采种株受害则植株矮化，但很少出现畸形，结荚少而不饱满。

### (二)发病条件

该病由多种病毒引起,病毒寄主范围广,可由叶面甲虫、蚜虫等传毒。萝卜苗期植株生长柔嫩,若遇蚜虫迁飞高峰,容易感染病毒病,且受害严重。同时,苗期高温干旱也适于病害的发生与流行。在有带毒的有翅蚜、大量毒源植物及感病品种的地区,病毒病的流行取决于当年的降雨量和气温。降雨量大的年份发病轻,降雨量少或干旱年份易发病流行。降雨可以抑制有翅蚜的活动,有利于萝卜的生长。十字花科蔬菜互为邻作,病毒能相互传染,发病重。秋萝卜种在甘蓝附近,发病重,种在非十字花科蔬菜附近,发病轻。另外,不适当的早播常易引起病毒病的流行。

### (三)防治方法

防治病毒病应采取改进栽培管理和防蚜灭蚜的综合措施,有抗病品种的地区应大力推广抗病品种。

1. 适期播种　常发病地区或秋季高温干旱地区,萝卜要适当晚播,避开高温期。但不宜播种过晚,否则由于萝卜生育期缩短,造成产量下降。

2. 选育抗病丰产品种　各地应选择一些适于当地种植的抗病丰产品种,先试种,后推广。

3. 与十字花科作物隔离种植　萝卜地应与种植大白

菜、甘蓝等十字花科蔬菜的地块适当远离,减少传毒机会。

4. 避蚜、灭蚜　苗期用银灰膜或塑料反光膜反光避蚜。田间发现蚜虫时,及时喷施杀虫剂防治,具体方法详见本章蚜虫部分。

## 二、霜霉病

霜霉病是萝卜重要病害之一,发生普遍,流行年损失较大,秋冬萝卜一般比夏秋萝卜发病重。

### (一)发病症状

春、秋两季幼苗、采种株、贮藏根均可发生。叶片发病,最初叶面出现不规则褪绿黄斑,后渐扩大为多角形黄褐色病斑,湿度大时叶背或叶面生有白色霜状霉层,严重时病斑连片,叶片自下而上枯死。茎部染病,出现黑褐色不规则状斑点。根部发病,形成灰黄色至灰褐色斑痕,贮藏期极易引起腐烂。花梗和种荚受害后稍畸形,病斑浅褐色,生有白色霜状霉层。

### (二)发病条件

我国南方周年种植十字花科蔬菜,病菌可在各种寄主植物上辗转传播危害,不存在越冬和越夏的问题。病害流行的日平均气温为16℃,病斑发展最快的温度在

20℃以上，在高温下容易发展成为黄褐色枯斑。湿度大时也有利于病害的发生和蔓延，植株叶面结露、有水膜利于孢子萌发和侵入。同时，十字花科连作，病原积累多；种植过早、基肥不足、管理粗放，肥水不协调均可促使霜霉病的发生。霜霉病往往与病毒病相伴发生。

**（三）防治方法**

1. 选用抗病品种　凡是抗病毒的品种一般也抗霜霉病。

2. 种子处理　可在播种前用50%福美双可湿性粉剂或75%百菌清可湿性粉剂拌种，用药量为种子重量的0.4%。

3. 栽培管理防病　合理轮作，与非十字花科作物进行2～3年轮作，避免与十字花科植物邻作；选择高燥地块种植，低湿地采用高垄栽培，施足基肥，合理追肥，增施磷、钾肥；间苗时注意淘汰病虫株，合理灌溉，收获后清洁田园，深翻耕地。

4. 药剂防治　在发病初期或发现中心病株时，摘除病叶并立即喷药防治。喷药必须细致周到，特别是老叶背面更应喷到。喷药后天气干旱可不必再喷药，如遇阴天或雾露等天气，则隔5～7天继续喷药，雨后应补喷1次。常用药剂有：72%霜脲·锰锌（克露）可湿性粉剂600倍液、70%乙铝·锰锌可湿性粉剂500倍液、69%烯酰·

锰锌(安克锰锌)可湿性粉剂600倍液或55%福·烯酰(霜尽)可湿性粉剂700倍液,每667米$^2$喷施药液60升,均匀喷施叶背面,不得重喷或漏喷,每隔7～10天喷1次,连喷2～3次,防治效果好。

## 三、黑腐病

黑腐病俗称黑心、烂心,萝卜根内部变黑,失去商品性。该病是由细菌引起的病害,全国各地均有发生。生长期和贮藏期均可引起危害,能造成很大损失,是萝卜最常见的病害之一。

### (一)发病症状

主要危害叶和根。在萝卜幼苗期即可发生,子叶出现水浸斑,重者变黄枯死,轻者逐渐向真叶发展。成株多从叶缘和虫伤处开始发病,向内形成"V"形或不规则形黄褐色病斑,最后病斑扩及全叶。病菌能通过叶脉、叶柄向茎部和根部扩展,使茎、根维管束变黑,全株叶片枯死。肉质根染病后,初为维管束变黑,逐渐腐烂,严重时内部组织干腐,变成空心,而外部形态正常。黑腐病属维管束病害,横切病部,可见到黑色的维管束里溢出菌脓,以此可与缺硼引起的生理性病害相区别。

### (二)发病条件

该病是一种细菌性维管束病害。病原细菌在种子或

土壤里及病残体上越冬。一般多雨结露，气温在15℃～21℃时，危害较重。播种偏早，苗期多雨，地势低洼，浇水过多，与十字花科蔬菜连作，中耕施肥时伤根以及虫害严重的地块，发病都较重。暴风雨有利于病菌的传播，并使叶片因碰撞而产生伤口，故能加重发病。贮藏期高温，能使病害加剧发展。

**(三)防治方法**

防治黑腐病应采取选用无病种子、轮作、施净肥等为重点的综合防治措施。

1. 轮作倒茬　与非十字花科蔬菜实行2年以上轮作，可解决土壤带菌问题。

2. 深翻耕地和施净肥　收获后清洁田园，深翻耕地，加速病残体的分解和病菌的死亡。有机肥应充分腐熟后施用，以保证肥料不带菌和防治肥料烧根。

3. 种子处理　采用温汤浸种。在50℃的温水中浸种20分钟，立即在冷水中冷却，捞出晾干后播种。

4. 加强栽培管理　及时防治害虫，减少传病媒介。

5. 药剂防治　在发病初期喷洒以下药剂，有一定防治效果：72%农用硫酸链霉素可溶性粉剂3 000倍液或47%春雷·王铜可湿性粉剂800倍液，7～10天喷1次，连续防治3～4次。

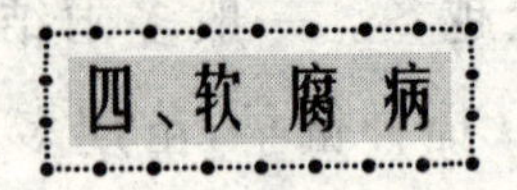

## 四、软腐病

软腐病又称白腐病，主要危害根茎、叶柄和叶片。

### （一）发病症状

苗期发病，叶基部出现水浸状，叶柄软化，叶片黄化萎蔫。成株期发病，叶柄基部水浸状软化，叶片黄花下垂。根部染病常始于根尖，开始呈褐色水浸状半透明，此后从病部逐渐向上发展，使心部软腐溃烂成一团，病部常常渗出汁液。留种株染病后，外部形态往往无异常，但髓部完全腐烂，仅留下肉质根的空壳，但维管束不变黑，以此可与黑腐病相区别。

### （二）发病条件

病原细菌在土中生存，通过昆虫、雨水和灌溉水传播，从伤口侵入发病。多雨高温、平畦播种、排水不良、害虫发生严重等易造成病害流行。

### （三）防治方法

防治萝卜软腐病应以加强栽培管理、选用抗病品种和防治害虫为主，结合药剂防治，才能收到良好的效果。

1．选用抗病品种　萝卜软腐病高发地区应避免使用易感病的品种。由于萝卜对病毒病与软腐病的抗性较为

一致，各地可因地制宜选用相应品种。

2. 倒茬轮作　与非十字花科蔬菜实行 3 年以上轮作。应避免与茄科和瓜类蔬菜等轮作，最好与禾本科作物、豆类和葱蒜类等作物轮作。

3. 改进栽培管理　尽量选择地势高燥、排灌良好的壤土、沙壤土种植萝卜；前茬早腾地，及时耕翻晒土；提倡垄作或高畦栽培，以利于排水防涝，减少发病，但盐碱地不宜采用；施足基肥，早施肥；及时防治害虫。

4. 药剂防治　发现病株要立即拔除，并喷药保护，防治病害蔓延。常用药剂有：72%农用硫酸链霉素可溶性粉剂 3 000 倍液、20%噻菌铜（龙克菌）悬乳剂 500 倍液或 77%氢氧化铜可湿性粉剂 1 000 倍液，每隔 10 天喷药 1 次，防治 1～2 次。

## 五、青枯病

### （一）发病症状

主要在南方地区发生。萝卜受害以后，病株地上部分发生萎蔫，叶色变淡，开始萎蔫时，早、晚尚能恢复，数日后不能恢复，直至死亡。病株的须根为黑褐色，主根有时从水腐部分截断，其维管束组织变褐。

### （二）发病条件

高温高湿有利于病害流行。植株表面结露，有水膜，土壤含水量较高，气温保持在18℃～20℃，是病菌侵染的有利条件，暴风雨后病害发展快。

### （三）防治方法

以农业措施为主，连年病重田最好与禾本科作物轮作3年（如与水稻轮作，1年即可），发现病株及时拔除。

病穴撒消石灰进行消毒，酸性土壤可结合整地，每1 000米$^2$ 掺消石灰75～150千克。

根据品种抗性差异，选用抗病品种。

药剂防治与软腐病防治方法相同。

## 六、黑斑病

### （一）发病症状

黑斑病又叫黑霉病，幼苗和成株均可受害。受害子叶可产生近圆形褪绿斑点，扩大后稍凹陷，潮湿时表面长有黑霉。成株叶片受害多从外叶开始发病，病部初生黑褐色至黑色稍隆起小圆斑，扩大后边缘苍白色，中间灰褐色或褐色，病斑上有明显的同心轮纹，湿度大时长有淡黑色霉状物，病部发脆易碎，病重时病斑汇合，致叶片局部枯死。叶柄上病斑梭形，暗褐色，稍凹陷。

### （二）发病条件

该病为真菌性病害。病原真菌以菌丝体或分生孢子

在病株残体上、土壤中和种子表面越冬，翌年借风雨传播。发病适温为13℃～15℃，低温高湿条件下有利于病害的发生和流行。

**(三)防治方法**

1. 品种选择　因地制宜选用抗病品种，如夏抗四十天、双红一号、短叶13等夏萝卜品种。

2. 种子处理　用种子重量0.4%的50%福美双可湿性粉剂，或40%克菌丹可湿性粉剂，或50%异菌脲可湿性粉剂拌种，消灭种子表面的病菌。

3. 加强田间管理　利用高垄、高畦栽培；适当晚播；及时防水排涝；施足有机肥，增施磷、钾肥；及时清理田间病株，深埋或烧毁，减少田间病原。大面积轮作，收获后及时翻晒土地，清洁田园，减少传病菌源。

4. 药剂防治　可选用75%百菌清可湿性粉剂500～600倍液、58%甲霜·锰锌可湿性粉剂500倍液、64%噁霜·锰锌可湿性粉剂500倍液、波尔多液1∶3∶400，上述药品之一，或交替使用，每7～10天1次，连续喷洒3～4次。

## 七、炭疽病

**(一)发病症状**

该病主要危害叶片(包括叶柄、叶脉)，有时也侵害花梗和种荚。被害叶片病斑细小、圆形，直径约 2～3 毫米，初为苍白色水渍状小点，扩大呈灰褐色。后期病斑中央褪为灰白色半透明状，易穿孔。严重时多个病斑融合成不规则褐色较大病斑，叶片枯黄。茎或荚上病斑近圆形或梭形，稍凹陷，湿度大时，病斑上产生淡红色黏质物。

### (二)发病条件

该病为真菌病害。病菌随病株残体在土壤中或种子上越冬。翌年通过雨水溅落在植株上侵染并传播病害。发病适温为26℃～30℃，高温、高湿条件下发生严重。

### (三)防治方法

1. 合理轮作　与非十字花科作物实行 2 年以上轮作。

2. 种子处理　用50℃温水浸种 20 分钟后，立即移入冷水中冷却，晾干播种。

3. 整地播种　选用地势高燥、易灌能排的地块，忌低洼地、积水地。整地应精细，尽量采用高畦栽培。适期早播，避开发病季节。

4. 田间管理　雨季注意及时排水防涝。及时清除田间病株，减少病原。

5. 药剂防治　发病初期喷洒 25％咪鲜胺（使百克）可湿性粉剂 800 倍液、50％咪鲜胺锰盐（施保功）可湿性

粉剂 1 500 倍液或 80%炭疽灵 800 倍液，每 7～8 天 1 次，连续防治 2～3 次。

## 八、白锈病

白锈病常与霜霉病并发，在全国各地均有分布，是长江中下游、东部沿海、西南湿润地区等地十字花科蔬菜的重要病害。

### （一）发病症状

从苗期到结荚期均有发病，以抽薹开花期发病最重。叶片被害先在正面表现淡绿色小斑点，后变黄，叶背面出现白色稍隆起的小疱斑，疱斑破裂后散生出白色粉状物，为病原菌的孢子囊。茎及花梗受害后，肥肿弯曲成“龙头”状，上长有椭圆形或条状乳白色孢斑。花被害后，肥大畸形，花瓣变绿，似叶状，经久不凋落，不结荚，长有乳白色孢斑。染病荚果细小、畸形，也有乳白色孢斑。

### （二）发病条件

病原菌在土壤、病残体、种株或种子上越冬。生长期间以孢子囊（白色粉状物）借气流传播。0℃～25℃均可发病，最适气温为 10℃。低温地区，低温年份或雨后发病重。

### (三)防治方法

1. 合理轮作　与非十字花科蔬菜作物隔年轮作,可减少病原菌数量,减轻发病。

2. 种子处理　用50%福美双可湿性粉剂或75%百菌清可湿性粉剂拌种,用药量为种子重量的0.4%。

3. 加强田间管理　前茬作物收获后实行深耕,将地面病残体深翻土下;适时迟播;及时清除田间十字花科杂草;施足基肥,适时适量追肥,增施磷、钾肥;开深沟,及时排水,降低田间湿度;及早摘除发病茎叶或拔除病株,收获后清除田间病残体。

4. 药剂防治　经常检查病情,在发病初期或发现发病中心时,及时施药。重点防治苗期和抽薹期发病。常用药剂有:25%甲霜灵可湿性粉剂800倍液,58%甲霜·锰锌可湿性粉剂500倍液,64%噁霜·锰锌(杀毒矾M8)可湿性粉剂500倍液等。每10～15天喷药1次,防治2次即可。

## 九、根肿病

### (一)发病症状

主要危害根部,发病初期地上部无异常,病害扩展后,根部形成肿瘤,并逐渐膨大,是本部维管束发育不正

常，导致地上部生长迟缓、矮小、黄化，基部叶片常在中午萎蔫，早晚恢复，后期基部叶片变黄枯死。病株根部出现肿瘤是本病的最显著特征。萝卜及芜菁等根菜类多在侧根上产生肿瘤，一般主根不变形或仅根端生瘤。病根初期表面光滑，后期龟裂、粗糙、易遭受其他病菌侵染而腐烂。

**（二）发病条件**

病原真菌常年在土中生存，由土壤、肥料、农具或种子传播，雨水、灌溉水、田间作业、昆虫活动等是造成病害流行的重要因素。

**（三）防治方法**

根肿病的防治应以实行轮作、培育无菌苗、加强栽培管理为主，辅以药剂防治。

1. 实行轮作　发病重的菜地要实行5～6年轮作。春季可与茄果、瓜类和豆类蔬菜轮作；秋季可与菠菜、莴苣和葱蒜类轮作。有条件的情况下，还可实行水旱轮作。

2. 加强栽培管理　采用高畦栽培，注意田间排水。勤中耕，勤除草增施有机肥和磷肥，提高植株抗病性。（注意事项：用病根喂猪时要先煮熟，以杀死休眠孢子囊，否则因此而得到的厩肥有传病的可能。堆肥要充分腐熟后才能施入菜田。）

3. 适量增施石灰　增施石灰调整土壤酸碱度，使之变为弱碱性，可以明显减轻病害。石灰用量应以原来土壤酸碱度而定，可以在种植前将消石灰均匀地撒施在土面上，也可穴施。在菜地出现少数病株时，采用 15%石灰乳少量浇根，可制止病害蔓延。据广东省报道，在种菜前每 667 米$^2$ 撒施 60～80 千克石灰或在畦面、穴内浇 2%的石灰水，后隔 10～15 天再浇 1 次，连续浇 2～3 次，根肿病很少发生。

4. 药剂防治　病区播前用种子重量 0.3%的 50%立枯净可湿性粉剂拌种。发病初期喷施 99%敌百虫原粉 1 000 倍液或 70%甲基硫菌灵可湿性粉剂 800～1 000 倍液。

5. 利用阳光消毒土壤　利用地膜覆盖和太阳辐射，使带菌土壤增温数日，可消灭部分病菌，起到减轻发病的作用。此法一般在高温的夏天施行，先整好地，覆盖薄膜，使土表下 20 厘米处增温至 45℃左右，保持 20 天左右。但高温对土壤中的有益微生物也具有杀伤作用，所以利用太阳能消毒土壤时，要注意土壤类型和消毒时间。

## 第二节　主要虫害及其防治

为害萝卜的害虫可分为吸汁类、钻蛀类、食叶类和地

下害虫四大类。吸汁类包括蚜虫、菜蝽象等，均以刺吸式口器吸取寄主汁液，使植株萎蔫、卷叶、嫩头扭曲；蚜虫为害还传播病毒病，排出的大量蜜露能引起煤污病。钻蛀类害虫主要指菜螟，以幼虫潜食叶肉或钻蛀叶柄、生长点和髓部为主。食叶类害虫系指黄曲条跳甲、菜蛾、菜青虫、斜纹夜蛾、甜菜夜蛾、甘蓝夜蛾、猿叶虫、菜叶蜂等，食叶成缺刻或孔洞，以至影响萝卜生长，降低产量。地下害虫主要指为害虫态在地下的一类害虫，如地老虎、萝卜蝇、蛴螬和蝼蛄等。

## 一、蚜　虫

为害萝卜的蚜虫主要有萝卜蚜（又称菜缢管蚜）、桃蚜（又称烟蚜）和甘蓝蚜（又称菜蚜）。这3种蚜虫都属同翅目、蚜科，俗称腻虫、蜜虫、菜虱。

### （一）为害特性

蚜虫的成虫、若虫均吸食寄主植物体内的汁液，造成植株严重失水和营养不良，使叶片卷缩。由于蚜虫排泄蜜露，常导致煤污病，轻则植株不能正常生长，重则死亡。此外，蚜虫又是多种病毒病的传播媒介，得毒传毒都很快，只要蚜虫吸食过感病植株，再迁飞到无病植株上，短时间内即可传毒发病。

## (二)形态特征

1. 萝卜蚜

(1)有翅胎生雌蚜　体长1.6～1.8毫米，长卵形。头部和胸部均为黑色，有光泽，腹部黄绿色至绿色，第一、第二节背面及腹管后各有两条淡黑色横带，有时身上覆有稀少的白色蜡粉。中额瘤明显隆起，额瘤微隆起，外倾呈浅“W”形，眼瘤显著。触角6节，第三、第四节黑色，第三节有感觉圈21～29个，排列不规则；第四节有7～14个，排成一行；第五节有0～4个；第六节有1个。腹管暗绿色、较短，约与触角第五节等长，中后部稍膨大，末端稍缢缩。尾片圆锥形，两侧各有刚毛2～3根。

(2)无翅胎生雌蚜　体长1.8毫米，卵形。全身黄绿色，被白色蜡粉。额瘤和眼瘤与有翅蚜相似。触角6节，只有第五、第六节上各有1个感觉圈。胸部各节中央有1个黑色横纹，并散生小黑点。腹管和尾片形似有翅蚜。

2. 桃　蚜

(1)有翅胎生雌蚜　体长约2毫米。头、胸部黑色，腹部绿色、黄绿色、褐色或赤褐色，背面有淡褐色斑纹。触角6节，仅第三节上有小圆形次生感觉圈9～11个。触角基部有明显的额瘤，向内倾斜。腹管细长，中后部稍膨大，末端有明显的缢缩。尾片较大，着生3对弯曲的侧毛。

(2)无翅胎生雌蚜　体长约2毫米，体色黄绿色或红

褐色。额瘤显著,内倾。触角 6 节,较体短,第三、第四节无次生感觉圈。

3. 甘 蓝 蚜

(1)有翅胎生雌蚜　体长约 2.2 毫米。头、胸黑色,复眼赤色。腹部黄绿色,背面有数条不明显的暗色横带,两侧各有 5 个黑色斑点,体被白粉,无额瘤。触角第三节有 37～49 个不规则排列的感觉圈。腹管很短,中部稍膨大。尾片锥形,基部稍凹陷。

(2)无翅胎生雌蚜　体长约 2.2 毫米。全身暗绿色,覆有较厚的白色蜡粉,无额瘤,复眼黑色。腹管较短,表面有不明显的瓦纹,尾片近似等边三角形。两侧生有 2～3 根长毛。

**(三)发生规律**

在长江流域及其以南地区,桃蚜和萝卜蚜常混合发生。一年内蚜虫的种群有显著的变化,其共同点呈“双峰”型发生。一般早春数量增长较慢,春末夏初剧增,是第一个为害高峰;入夏减少,秋季密度又一次上升,干旱之年发生极多,形成 1～2 个为害高峰。春季田间一般以桃蚜为主,秋季萝卜蚜较多。

**(四)防治方法**

对蚜虫的防治,一般要求消灭在点片发生阶段,即消灭于迁飞扩散之前。因此，农户应根据病虫测报部门发布的信息及时防治。具体防治措施应以农业防治为主，结合物理机械防治和生物防治，发病严重时采取必要的化学药剂防治。

(1)农业防治　选用抗病虫品种；合理布局田园，萝卜田应尽量远离十字花科蔬菜田、留种田及桃、李等果园，以减少蚜虫的迁入；清洁田园，积肥清除杂草，萝卜收获后，及时处理残株败叶，结合中耕打老叶、黄叶，拔除病虫苗，并立即清出田间加以处理，可消灭部分蚜虫。

(2)物理机械防治　利用蚜虫忌避银色反光的习性，可采用银色反光塑料薄膜或银灰色防虫网避蚜。此外，还可用黄盆或黄板诱杀蚜虫。

设施栽培时，提倡使用防虫纱网，主防蚜虫，兼防小菜蛾、菜青虫、甘蓝夜蛾、斜纹夜蛾、猿叶虫、黄曲条跳甲等。

(3)生物防治　注意保护天敌。蚜虫的天敌种类很多，捕食性天敌有草蛉、瓢虫、食蚜蝇、蜘蛛、隐翅虫等，每天每头天敌可捕食 80～160 头蚜虫，对蚜虫有一定的控制作用。寄生蜂、蚜真菌对蚜虫也有相当的控制力，平时应尽量少用广谱性的杀伤天敌的农药，以保护天敌。

(4)药剂防治　常用的有效药剂有：0.2%苦参碱水剂 800 倍液、50%抗蚜威可湿性粉剂 2 000 倍液、10%吡虫啉可湿性粉剂 1 500 倍液等。由于蚜虫繁殖能力强，世

代重叠，易产生抗药性，应做到交替轮换用药。喷药时要周到细致，特别注意心叶和叶背面均要喷到。每隔 10 天用药 1 次，连续防治 2～3 次。

## 二、菜粉蝶

菜粉蝶又叫菜白蝶、白粉蝶，幼虫俗称菜青虫，属鳞翅目、粉蝶科。主要为害十字花科蔬菜作物，如甘蓝、花椰菜、白菜、芜菁、萝卜、油菜等。

### (一)为害特性

以幼虫啃食菜叶。初龄幼虫啃食叶背叶肉，残留表皮，呈小型凹斑，3 龄以后吃叶成孔洞或缺刻，严重时只残留叶柄和叶脉，同时排出大量虫粪，污染叶面和菜心，使蔬菜品质变坏，并引起腐烂，降低蔬菜的产量和质量。

### (二)形态特征

1. 成虫　白色中型蝴蝶，体长 15～20 毫米，翅展 45～55 毫米。一般雌虫较雄虫大。体黑色，翅粉白色，腹部密被白色及黑褐色长毛。雌蝶前翅有 2 个显著的黑色圆斑，雄蝶仅有 1 个黑色圆斑。

2. 卵　瓶状，顶端收窄，基部较钝，长约 1 毫米。初产时乳白色，后变为橙黄色，表面有纵横突起的脊纹，形成长方形的小方格。

3. 幼虫　老熟幼虫体长28～33毫米，体青绿色，密布黑色小瘤突，上生细毛。沿气门线有黄色斑点1列。

4. 蛹　纺锤形，长18～21毫米。两端尖细，中部膨大而有棱角状突起。蛹色随化蛹时的附着物而异，有灰黄、灰绿、灰褐色。

### (三)发生规律

菜粉蝶田间虫口数量的消长有一定的季节性规律。在长江中下游地区及南方，菜粉蝶种群数量呈双峰型消长。一年中以春夏之交(4～6月份)和秋季(9～11月份)发生量大，为害严重。影响菜粉蝶发生的主要生态因素有以下几点。

1. 气候　温暖的气候条件适宜于菜粉蝶生长、发育和生殖。最适气温为20℃～25℃，空气相对湿度76%。若气温超过32℃或低于-9.4℃，能使幼虫死亡，并削减成虫的生殖力，故春末夏初及秋季气温有利于此虫的发生。最适降水量为每周7.5～12.5毫米，降雨量过大对其卵和幼虫有冲刷作用。据湖南省衡阳市蔬菜研究所报道，夏前影响菜粉蝶的主要气候因子是5天内平均气温、5天总降雨量和5天日照总数。

2. 食料　菜粉蝶的寄主虽然很多，但主要取食十字花科蔬菜。因此，十字花科蔬菜的有无，对其发生关系极为密切。一般4～6月份和9～11月份是十字花科栽培最

多的季节，特别是含芥子油糖苷较多的甘蓝类蔬菜种植最多，因此，这个时期的菜粉蝶盛发，常猖獗为害。

3. 天敌　菜粉蝶的天敌种类很多，已知天敌有 69 种。其中对菜粉蝶抑制作用比较大的有 10 多种。卵期主要有广赤眼蜂和拟澳洲赤眼蜂。捕食性天敌也很多，如捕食性花蝽、捕食性黄蜂、食虫蝽等。

### (四)防治方法

菜粉蝶的防治应采取“以生物防治为主，化学防治为辅，农业防治兼顾”的综合防治措施，将菜青虫控制在经济阈值允许水平之下。

1. 生物防治　目前生产上应用最广的生物农药是苏云金杆菌，在菜青虫卵孵盛期用 3.2%可湿性粉剂 800 倍液喷雾，30℃以上时防治效果较好。此外，寄生性天敌粉蝶金小蜂、微红绒茧蜂等，对控制菜青虫的都有一定作用，应合理地加以保护和利用。

2. 设施栽培　使用防虫纱网。

3. 药剂防治　一定要把菜青虫控制在 3 龄以前，也就是成虫产卵高峰 7～10 天用药 1～2 次，以后每周喷 1 次，共 3～4 次。常用药剂有：10%氯氰菊酯乳油 2 000 倍液、15%茚虫威悬浮剂 2 000 倍液、1.8%阿维菌素乳油 3 000 倍液或 10%氯虫苯甲酰胺悬浮剂 1 000 倍液。

4. 农业防治　在十字花科蔬菜收获后，及时清除残枝败叶，以消灭田间残留的幼虫和蛹。

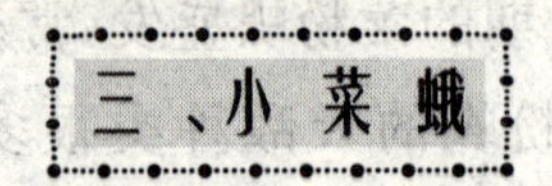

## 三、小菜蛾

小菜蛾，别名方块蛾、小青虫、两头尖，属鳞翅目，菜蛾科，俗称菜蛾、两头尖等，是世界性害虫，国内各省、自治区、直辖市菜区均有分布。近年来，小菜蛾发生日趋严重，若防治不力，蔬菜严重减产，甚至毁种。

### (一)为害特性

以幼虫为害叶片。初龄幼虫可钻入叶片组织，取食叶肉，留下一层表皮，成透明“天窗”状，3～4 龄幼虫可将叶片吃成孔洞和缺刻，严重时叶片呈网状。在留种菜上，为害嫩茎、幼荚和籽粒，使菜籽产量遭受损失。

### (二)形态特征

1. **成虫**　灰黑色小蛾，体长 6～7 毫米，翅展 12～15 毫米，前、后翅有长缘毛。前翅中央有黄白色 3 度曲折的波纹，静止时两翅折叠成屋脊状，翅尖翘起如鸡尾。

2. **卵**　椭圆形，淡黄色，表面光滑。初产时乳白色，渐变为淡黄绿色。

3. **幼虫**　初孵幼虫深褐色，后变为绿色。老熟幼虫体长 10～12 毫米，纺锤形。前胸背板有淡褐色小点，排成两个“U”形斑纹。

4. 蛹　长约6毫米，初淡绿色，渐变为淡黄绿色，最后成灰褐色。茧灰白色，纺锤形，呈稀疏网状，多附在叶片上。

**(三)发生规律**

小菜蛾全年的发生为害情况各地不同，长江下游地区一年有2个为害高峰，分别是“春害峰”和“秋害峰”，一般秋害重于春害。南方以9～10月份发生最多，是全年为害最重时期。成虫昼伏夜出，白天隐藏于植株隐蔽处或杂草丛中，日落后开始取食、交尾、产卵等活动，尤以午夜前后活动最盛。

**(四)防治方法**

防治小菜蛾主要抓住春、秋两季，具体措施如下。

1. 农业措施防治　合理布局菜田，避免与十字花科蔬菜连作；蔬菜收获后，及时清除残株落叶，随即翻耕或深耙，消灭大量虫源。

2. 诱杀成虫

(1) 灯光诱蛾　在菜地安装20瓦黑光灯，灯的位置高出地面33厘米左右，成片地约6 000米$^2$一盏灯，点灯时间为4月中旬至11月中下旬。

(2) 性诱剂诱蛾　应用人工合成的小菜蛾性诱剂(每个诱芯含性诱剂50微克)。性诱剂使用方法：用一个口径较大的水盆，盆内盛满水，并加入少量洗衣粉，把诱芯吊在水盆上方，距水面 1 厘米左右，每天傍晚放出，清晨收回。1 个诱芯一般可使用 20～30 天。

3. 生物防治　使用苏云金杆菌，当温度 30℃以上时，用 3.2%可湿性粉剂 500～800 倍液喷雾，对小菜蛾有良好的防治效果。若与杀虫双混合，使用效果会更好。

4. 药剂防治　小菜蛾对化学药剂易产生抗性，因此要经常更换农药种类，也可采用化学农药与生物农药交替使用的方法。目前效果较好的药剂有：5%氟啶脲乳油 2 000 倍液、5%氟虫腈胶悬剂 3 000 倍液、10%氯氰菊酯乳油 3 000 倍液、2.5%溴氰菊酯乳油 2 000～3 000 倍液、25%喹硫磷乳油 2 000 倍液、50%宝路可湿性粉剂 2 000 倍液等。

## 四、菜　螟

菜螟，别名剜心虫、钻心虫、萝卜螟，属鳞翅目，螟蛾科，是世界性害虫。我国南方各省发生比较严重。菜螟主要为害萝卜、白菜、大白菜、甘蓝、花椰菜、油菜、芜菁等十字花科蔬菜。尤其是秋萝卜受害最重，白菜、甘蓝次之。

### （一）为害特性

菜螟是一种钻蛀性害虫，常为害幼苗期的心叶及叶

片，受害幼苗因生长点被破坏而停止生长，或萎蔫死亡，造成缺苗段垄，且可传播软腐病。

**(二)形态特征**

1. 成虫　体长约 7 毫米，翅展 15～20 毫米。前翅灰褐色，具 3 条白色横波纹，翅中央有一深褐色肾形纹，四周灰白。后翅灰白色。

2. 卵　椭圆形，表面有不规则网状花纹，初产时淡黄色，近孵化时出现橙黄色斑点。

3. 幼虫　老熟幼虫体长 12～14 毫米。头黑色，胸、腹部黄绿色或淡黄色，背面生有 5 条灰褐色纵带。

4. 蛹　长约 8 毫米，茶褐色。腹部背面 5 条纵线隐约可见。蛹体外有丝茧，长椭圆形，外附泥土。

**(三)发生规律**

菜螟幼虫为害期在 5～11 月份，以秋季为害最严重，随着地区不同时间有先后，河南新乡、山东济南、江苏南京、上海、浙江杭州、湖北武昌均以 8～10 月份为害最严重。江西南昌、湖南长沙以 8 月上旬至 10 月上旬为害最严重，11 月中旬后大减。广西柳州则在 9 月下旬至 10 月上旬为害最严重。

菜螟成虫白天隐伏在菜叶下或植株基部，夜间活动，稍有趋光性，但不强。黑光灯下很少见到成虫。成虫飞翔力弱，多在离地面1米左右的低空处飞行。

**(四)防治方法**

由于菜螟具有钻蛀性，又能吐丝缀叶隐蔽自己，给防治带来了一定困难。幼龄期在叶片及心叶为害，有转株习性，发生期比较整齐，如掌握在卵孵化期进行喷药，防治效果显著。具体方法如下。

1. 农业防治

(1)深耕翻土，清洁田园　在萝卜收获后，及时清除残枝败叶，进行深翻，以减少虫源。

(2)合理安排茬口，避免连作　如春播萝卜受菜螟危害重，虫源多，所以秋播萝卜、白菜等十字花科蔬菜最好不要连作，以减轻为害。

(3)适当调节播种期　在菜螟为害严重的地区，适当调节萝卜播种时间，使3～5片真叶期与菜螟成虫盛发期错开，可减轻或避免为害。如南方可适当延迟播种。

(4)加强田间管理　间苗定苗时，及时拔除虫苗，并妥善处理(烧毁或深埋)，可减轻为害；在干旱年份，早晚勤灌水，增加田间湿度，创造促进菜苗生长而对害虫不利的生态环境，可收到一定的防治效果。

2. 生物防治　提倡用澳洲赤眼蜂防治菜螟。每667米$^2$放蜂量2万～3万头，放蜂点5～10个。于菜螟始蛾期释放总蜂量的20%，产量盛期释放70%，产卵末期

10%，每次间隔3～5天。

3. *药剂防治* 在成虫盛期和幼虫孵化期喷洒25%灭幼脲3号悬浮剂800倍液或1%苦参碱水剂500倍液，幼虫3龄前期用10%茚虫威悬浮剂2 000倍液或5%氯虫苯甲酰胺悬浮剂1 000倍液防治。注意药剂要喷到菜心内。每隔7天用药1次，连续防治2～3次。

## 五、甜菜夜蛾

甜菜夜蛾，别名玉米夜蛾、玉米小叶蛾、贪夜蛾、白菜褐夜蛾，属鳞翅目，夜蛾科。甜菜夜蛾分布很广，我国分布于东北各省及河北、山东、陕西、安徽、江苏、江西、四川、湖北等省。此虫原在我国为害不重，近年来有逐渐发展成为重要害虫的趋势。在河北、河南、山东、陕西等省的局部，其中尤以黄淮和江淮地区发生严重。

### (一)为害特性

甜菜夜蛾为多食性害虫，已知寄主有171种，其中包括29种蔬菜，其中受害最重的作物有甜菜、玉米、白菜、萝卜、菠菜、苋菜等。初孵幼虫群集叶背，吐丝结网，在网内咬食叶片成透明的小孔，3龄后蚕食成孔洞或缺刻，严重时仅留叶脉和叶柄，致使菜苗死亡，造成缺苗断垄，甚至毁种。

## (二)形态特征

1. 成虫　体长10～14毫米,翅展25～33毫米。体灰褐色,少数为深灰褐色。前翅外缘有1列黑色三角形小斑,翅面有黑白双线2条,并有黄褐色肾形纹和环形纹。后翅银白色,略带粉红色,翅缘灰褐色。

2. 卵　圆馒头形,直径0.2～0.3毫米,白色。卵粒重叠成块,卵块表面覆盖有白色鳞毛。

3. 幼虫　老熟幼虫体长约22毫米,体色有绿色、暗绿色、黄褐色、褐色、黑褐色等。气门下线为明显的黄白色纵带,有时略带粉红色。每体节气门后上方各有1个明显的白点。

4. 蛹　长约10毫米,黄褐色。

## (三)发生规律

甜菜夜蛾在长江流域一年发生5～6代。在长江流域及其以南地区,可以以幼虫或蛹在土下越冬。成虫白天隐藏在作物枝叶下,夜间进行取食、交尾、产卵,成虫对黑光灯有较强的趋性。

甜菜夜蛾是喜温而又耐高温的害虫,高温干旱有利于甜菜夜蛾大发生。据试验,在40℃高温下仍能正常孵化。在我国,甜菜夜蛾发生为害最重的时候均出现在当地气温较高的时期。在长江流域,甜菜夜蛾的大发生与

上年和当年的气候密切相关，尤其是当年7～9月份的气温和降雨量对其发生有很大影响。

**（四）防治方法**

1. 清洁田园，铲除杂草　甜菜夜蛾喜产卵于10厘米以上的杂草上，凡是大田周围或田内杂草丛生的危害就重，因此对甜菜夜蛾的防治，清洁田园、铲除杂草是一项重要措施。

2. 诱杀成虫　黑光灯诱杀成虫。

3. 人工采卵和捕捉幼虫　甜菜夜蛾的卵成块，且卵表面覆盖有白色的鳞毛，易于识别。3龄前的幼虫多集中在叶上为害，比较集中，可进行人工捕捉防治。

4. 勤灌水，保持土壤湿润　由于大龄幼虫有白天潜入土中及老熟幼虫入土化蛹的习性，应保持田间土壤湿润，创造不适于其生活的环境。

5. 生物防治　每667米$^2$释放拟澳洲赤眼蜂1.5万头。

6. 药剂防治　发现初孵幼虫时，立即将药剂喷到叶背面及下部叶片。常用药剂有：10％虫螨腈悬浮剂1 000倍液、10％高效氯氰菊酯歼灭乳油1 500倍液或20％米螨虫酰肼胶悬剂2 000倍液等。夏季高温应在上午7～10时或下午4时喷洒药剂。

## 六、甘蓝夜蛾

甘蓝夜蛾，别名甘蓝叶盗虫，属鳞翅目，夜蛾科。全国各地都有发生。

### （一）为害特性

以幼虫为害蔬菜叶片、嫩果及嫩荚，严重时可将叶片食尽，仅留叶脉和叶柄。

### （二）形态特征

1. **成虫** 体长 15～25 毫米，翅展 30～50 毫米，灰褐色。前翅有多条波状黑色横纹，近翅顶角前缘有 3 个小黑点。后翅灰色，无斑纹。

2. **卵** 半球形，直径约 0.6 毫米，黄白色。卵粒表面有 3 条放射状纵棱。卵块无绒毛。

3. **幼虫** 老熟幼虫体长约 40 毫米，体色多变化。头部黄褐色，具不规则褐色花纹，体背褐色至暗褐色，腹面黄褐色。每体节背面有两个马蹄形斑纹。

4. **蛹** 长约 20 毫米，赤褐色至深褐色。

### （三）发生规律

甘蓝夜蛾在江浙地区一年发生 2 代，四川、重庆一年 3～4 代。各地均以蛹在土中越冬，深度 7～10 厘米，多分

布于寄主作物田内、田边杂草或土埂下。成虫白天潜伏在菜叶背面或阴暗处，夜间活动。从黄昏至整个上半夜是成虫活动、取食、产卵的高峰期，成虫集中于天黑前后的5～6小时羽化。成虫有趋光性，雌蛾趋光性大于雄蛾。初孵幼虫在卵块附近取食，逐渐迁移分散，取食叶片成孔洞。

甘蓝夜蛾各虫期的生长发育受到温度的严格控制。温暖和湿度偏大对甘蓝夜蛾最适宜。一般日平均气温为18℃～25℃，空气相对湿度为70％～80％，对该虫的生长发育有利。在高温、低湿的环境下，会形成大量翅发育不健全的"束翅蛾"。

**（四）防治方法**

1. 秋翻冬耕，消灭越冬蛹　在晚秋或冬季蔬菜收获后，清除杂草、翻耕土地，可以消灭部分越冬蛹，减少翌年虫口基数。

2. 诱杀成虫　在3月上中旬结合诱杀小地老虎，用黑光灯诱杀成虫，也可用糖醋盆诱杀成虫。

3. 人工防治　掌握卵期、初孵幼虫集中取食的习性，结合田间管理，摘除卵块及初孵幼虫食害的叶片，可消灭卵块及初孵幼虫。

4. 药剂防治　应掌握在3龄前喷药，这时幼虫比较集中，食量小，抗药性弱，是化学防治的有效时机。为了掌握防治适期，除可根据黑光灯下或糖醋盆液中的成虫盛期确定1、2龄幼虫期（一般在成虫盛期后1周开始用药）外，还可根据初龄幼虫为害状（食叶片成网状）确定防治时间，喷药时注意叶片的背面和中、下部叶片。常用药剂同“甜菜夜蛾”。

## 七、斜纹夜蛾

斜纹夜蛾别名莲纹夜蛾，属鳞翅目，是世界性害虫，国内分布广，从南到北均有发生。但主要为害区为湖北、湖南、江西、安徽、浙江、江苏、福建、广东、广西、云南、河北、河南、山东等地，是一种杂食性和暴食性害虫。受害严重的蔬菜作物有水生蔬菜、十字花科及茄科蔬菜。

### （一）为害特性

以幼虫为害叶片、花蕾、花及果实。初孵幼虫群集叶背啃食，只留上表皮和叶脉，被害叶片像“纱窗”一样，大发生时能将全田作物吃成光杆，以至毁种。

### （二）形态特征

1. 成虫　体长14～16毫米，翅展35～40毫米。体暗褐色，胸部背面有白色丛毛。前翅灰褐色，表面多斑纹，从前缘中部到后缘有一灰白色带状斜纹。后翅白色，

仅翅脉及外缘暗褐色。

2. 卵　扁半球形，直径0.5毫米，表面有网纹。初产时黄白色，后变为暗灰色。卵块上覆盖灰黄色绒毛。

3. 幼虫　老熟幼虫体长35毫米左右，头部黑褐色。胸腹部颜色变化较大，常为土黄色、青黄色、灰褐色或暗绿色。全体遍布不太明显的白色斑点。

4. 蛹　长15～20毫米，圆筒形，赤褐至暗褐色。

**（三）发生规律**

斜纹夜蛾是一年多代的害虫，无滞育现象，在广东、福建、台湾等省可全年发生，无越冬现象。长江流域7～8月份大范围发生，严重为害棉花、甘薯、蔬菜等。成虫白天不活动，躲在植株茂密处落叶下，叶背面、土块缝隙及杂草丛中，日落后开始取食飞翔，交尾产卵多在半夜或黎明。有趋光性，成虫对糖、醋、酒以及发酵的胡萝卜、麦芽、豆饼、牛粪等都有趋性。

斜纹夜蛾是喜温性害虫，发育适温为29℃～30℃。一般常发地区，大多是温暖潮湿地带，全国发生的严重时期都在7～10月份，正是一年中气温较高的季节。对低温抵抗力弱，在0℃左右长时间低温条件下，存活数低。斜纹夜蛾天敌多，仅汉阳、武昌等地观察，瓢虫的成虫、幼虫均可取食斜纹夜蛾的卵块。绒茧蜂寄生率达25%～35%，最高达68%。此外，还有广大腿蜂、步行虫、病毒及鸟类等天敌。

(四)防治方法

1. 农业防治措施　蔬菜收获后要深翻土壤,使大量虫蛹暴露在地面或遭机械创伤而死。

2. 诱杀成虫　可采用性诱剂捕杀成虫(雄虫)。因为成虫昼伏夜出,对灯光趋性强,也可用黑光灯诱虫,灯下放水盘,加入少量洗衣粉,以防成虫逃脱。

3. 人工捕杀　根据卵成块或初孵幼虫集中取食的习性,结合田间管理,摘除卵块及初孵幼虫侵食的叶片,带出菜田集中处理。

4. 药剂防治　应注意不同杀虫处理的药剂轮换使用,喷药时间最好在早、晚进行,一定要掌握1、2龄幼虫群集时喷药防治效果较好。常用药剂同"甜菜夜蛾"。

## 八、黄曲条跳甲

黄曲条跳甲,别名菜蚤子、土跳蚤、黄跳蚤、地蹦子、黄条跳甲等,是世界性害虫。国内除新疆、西藏、青海等地尚无报道外,其他各省均有发生,是萝卜上的主要害虫。

(一)为害特性

成虫、幼虫均可为害,成虫咬食叶片成小孔,并可形成不规则的裂孔,幼苗期受害最重。刚出土的幼苗,子叶

被害，可整株枯死，造成缺苗断垄，甚至毁种。幼虫生活在土里，只为害菜根，蛀食根皮，常将菜根表皮蛀成许多弯曲的虫道，咬断须根，造成叶片由外向内发黄萎蔫而死。萝卜被害呈许多黑色蛀斑，最后变黑腐烂。

**(二)形态特征**

1. 成虫　体长约 2 毫米，黑色有光泽。前胸背板与鞘翅上密布小黑点，排列成纵行。鞘翅中央有 1 条黄色弯弓形纵纹。后足腿节膨大，善于跳跃。

2. 卵　长约 0.3 毫米，椭圆形，黄色。

3. 幼虫　老熟幼虫体长 4 毫米左右，长圆筒形，体黄白色。

4. 蛹　长 2 毫米左右，乳白色。腹末有一叉状突起。

**(三)发生规律**

在南方地区一年发生 7～8 代。以成虫在田间、沟边落叶、杂草及土壤中越冬，3 月中下旬开始出蛰活动，随着气温升高，活动加强。4 月上旬开始产卵，以后每月发生 1 代。成虫寿命较长，有的长达 1 年。

成虫善跳，中午前后活动最盛，雌虫卵巢未发育前飞翔能力较强，趋光、趋黄色、趋绿色习性明显。中午强光下，常隐蔽在心叶或下部叶背面。阴雨天隐蔽在叶背或土块下。

(四)防治方法

1. 农业防治　合理轮作。黄曲条跳甲属寡食性害虫,提倡与非十字花科作物轮作,可明显减轻为害。彻底清除菜地残枝落叶,铲除杂草,消灭其越冬场所和食料基地。播前深耕晒土,破坏幼虫生活环境并消灭部分蛹。发生严重地区在萝卜播种前每 667 米$^2$ 用 4%乙敌粉2～2.5 千克撒施,耙匀,萝卜出苗后 20～30 天,喷药杀灭成虫。加强田间管理。做好肥水管理,使幼苗健壮,生长快;天气干旱时,连续几天浇水,防止根部输导组织破坏,加速菜苗生长。

2. 诱杀成虫　可采用黄板诱捕成虫,也可采用跳甲诱捕器进行诱捕,同时沼液对跳甲也有趋避作用。

3. 药剂防治　选择成虫活动盛期(中午前后)进行喷药,应先从田边四周喷向田内,进行围歼,以防喷药时赶逃害虫。特别对 4 月中下旬产卵前的越冬成虫要重点防治。常用药剂:2.5%鱼藤酮乳油 500 倍液、0.5%印楝素乳油 800 倍液、90%敌百虫晶体 1 000 倍液和 50%辛硫磷乳油 1 000 倍液。幼虫为害严重时也可用上述药剂灌根。

## 九、猿叶虫

猿叶虫分为大猿叶虫和小猿叶虫两种。猿叶虫的成虫别名为龟壳虫,幼虫别名肉虫,均属鞘翅目,叶甲科。

## 第二节
### 主要虫害及其防治

#### (一)为害特性

猿叶虫为寡食性害虫,主要为害十字花科蔬菜。其中以大白菜、白菜、萝卜、荠菜受害最重,甘蓝、花椰菜很少受害。猿叶虫的成虫和幼虫均可为害叶片,初孵幼虫仅啃食叶肉,形成许多凹斑痕,大幼虫和成虫食叶呈孔洞或缺刻,严重时仅留叶脉。

#### (二)发生规律

大猿叶虫在长江流域一年发生 2～3 代,广西 5～6 代。以成虫在枯叶、土隙、石块下越冬,但以土中 5 厘米左右处越冬为主。在我国南方,冬季温暖晴朗天气成虫仍可外出取食活动,无真正休眠现象。成虫、幼虫都有假死习性,昼夜均可取食。

小猿叶虫,在杭州一年发生 3 代,湖南也为 3 代。以成虫在根隙或叶下越冬,略群集。天气炎热时开始夏眠,夏眠时间不定,在气温不高、食料丰富时,夏眠缩短或不夏眠。成虫与幼虫的习性与大猿叶虫相同。但其成虫无飞翔能力,靠爬行迁移觅食。幼虫喜集中叶心取食,昼夜活动,尤以晚上为甚。

#### (三)防治方法

1. 清洁田园　秋冬季结合积肥,铲除菜地附近杂草,清除枯叶残体,这样可除去部分早春食料和成虫蛰伏场所;也可利用成虫在杂草中越冬的习性,在田间或田边堆积杂草,诱集越冬成虫,然后收集烧毁。

2. 人工捕捉　利用其假死习性,于清晨用盛水(或稀泥)浅口容器承接于叶下,然后击落虫体,集中杀死。

3. 药剂防治　防治成虫可喷洒 2.5%鱼藤酮乳油 500 倍液、0.5%印楝素乳油 800 倍液、90%敌百虫晶体 1 000成电路倍液和 50%辛硫磷乳油 1 000 倍液。防治幼虫可用 48%毒死蜱乳油 1 000 倍液和 52.25%氯氰·毒死蜱乳油 1 200～1 500 倍液,防治幼虫应掌握在卵孵化盛期,每隔 7 天用药 1 次,连用 2～3 次。

## 十、菜叶蜂

为害十字花科蔬菜的菜叶蜂在我国已知有 5 种,均属膜翅目,叶蜂科。各种菜叶蜂中,以黄翅菜叶蜂分布最广,除新疆、西藏外,各省(自治区)都有分布,以华北和华东沿海各省发生最为普遍。黑翅菜叶蜂在长江流域或以南一带分布较多。现以黄翅菜叶蜂为主介绍如下。

### (一)为害特性

以幼虫食害叶片。初孵幼虫先啃食叶肉呈纱网状,稍大后将叶片吃成孔洞、缺刻。在留种菜上食害花蕊嫩荚,少数可啃食根部,影响蔬菜作物作物生长。幼虫有暴食性,大发生时,如防治不及时,数天之内可造成严重损失。

### (二)发生规律

一年发生5～6代，以老熟幼虫在土中结茧越冬。翌年4～5月份化蛹羽化，成虫羽化后当天可交尾，产卵前期1～2天，也可孤雌生殖。成虫在晴朗高温的白天极为活跃。卵常产在叶缘部或叶基部组织内，呈隆起状。幼虫共5龄，早、晚活动取食，有假死性，老熟幼虫入土作茧化蛹，蛹分布在1～3厘米的土层中。每年春、秋呈两个发生高峰，以秋季8～9月份最为严重。

### (三)防治方法

1. 农业防治　秋季深翻土壤，破坏越冬蛹室；蔬菜收获后，清除田间杂草、残枝落叶，并集中烧毁，减少虫源。

2. 人工捕捉　利用成虫有假死性，摇动植株使其受惊蜷缩成团落下，进行捕杀。

3. 药剂防治　同"菜粉蝶"。

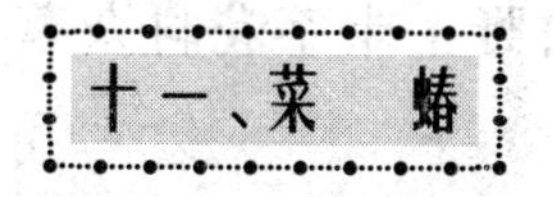

## 十一、菜　蝽

菜蝽，别名河北菜蝽、云南菜蝽、斑菜蝽、花菜蝽、姬菜蝽、萝卜赤条蝽。

### (一)为害特性

成虫或若虫均以刺吸式口器吸食寄主植物的汁液，

特别喜欢刺吸嫩芽、嫩茎、嫩叶、花蕾和幼荚。菜蝽的唾液对植物有破坏作用，并阻碍糖类的代谢和同化作用的正常进行，被害处留下黄白色至微黑色斑点。幼苗子叶期受害则萎蔫甚至枯死；花期受害则不能结荚或籽粒不饱满。还可传播软腐病。

**（二）发生规律**

一年发生 2～6 代，以幼虫在土块、土缝、落叶、枯草中越冬。翌年 3 月下旬开始活动，4 月下旬开始交尾产卵，越冬成虫历期很长。成虫趋嫩、喜花，中午活跃，善飞，有假死性。5～9 月份为成若虫的主要危害时期，一般每雌虫产卵 100 余粒，产于叶背。若虫共 5 龄，高龄若虫适应性、耐饥力都较强。

**（三）防治方法**

1. 清理田园　冬耕或早春清理菜地。清除田边、渠边、林带及果园内野生十字花科杂草，可消灭部分越冬成虫。

2. 人工捕杀　人工摘除或浇水消灭卵块。适时浇水淹杀产在地面的第一代卵块。试验表明，浸水 8 小时可淹杀 50%左右卵块。

3. 药剂防治　以防治成虫为主，其次是防治若虫。若虫分散前即 1、2 龄若虫时加紧防治。常用药剂有：

40%乐果乳油1 500倍液或90%敌百虫晶体1 500～2 000倍液、80%敌敌畏乳油1 000～1 500倍液或20%氰戊菊酯乳油4 000倍液等。

## 十二、萝卜蝇

萝卜蝇，别名萝卜种蝇、白菜蝇，根蛆、地蛆。寄主为萝卜、白菜等十字花科蔬菜。

### (一)为害特性

萝卜蝇只为害秋菜。在萝卜上，幼虫不仅为害表皮，造成许多弯曲的沟道，还能蛀入内部造成孔洞，并引起腐烂，失去食用价值。此外，幼虫造成的大量伤口，导致软腐病的侵染与流行。

### (二)发生规律

一年发生1代，以蛹在土中越冬。成虫于8月中旬至9月上旬，产卵于菜田周围地面土缝中或叶柄、心叶及叶腋上，每雌产卵100余粒，5～14天孵化。初孵幼虫迅速钻入叶柄基部，而后向茎中钻蛀。幼虫期35～40天，9月下旬开始化蛹，10月下旬化蛹越冬。8月份多雨潮湿有助于成虫的羽化及幼虫的孵化，发生较重。成虫喜在日出前后及日落前或阴天活动，中午日光强烈时常隐蔽在叶背面及菜株阴处。成虫对糖醋及未腐熟的有机肥趋性较强。

### (三)防治方法

1. 农业防治　有机肥要充分腐熟,施肥时做到均匀深施,种子和肥料要隔开。也可在粪肥上覆盖一层毒土,或粪肥中拌和一定量的药剂;秋季翻地可杀死部分越冬蛹。

2. 药剂防治

(1)防治成虫　在成虫发生初期开始喷药,用2.5%敌百虫粉剂,每667米$^2$喷施1.5～2千克;90%敌百虫晶体800～1 000倍液或80%敌敌畏乳油1 500倍液,每隔7～8天喷1次,连喷2次。药要喷在植株基部及其周围的表土上。

(2)防治幼虫　已发生萝卜蝇为害的可用药剂灌根。灌根的方法是向植株根部周围灌药,可用90%敌百虫原粉800倍液或80%敌敌畏乳油1 000倍液,装在喷壶(除去喷头)或喷雾器(除去喷头片)中,进行灌根。

## 第三节　萝卜地草害的化学防除

### 一、萝卜田化学除草的特点和意义

萝卜一年四季都有种植,在萝卜生长过程中往往有杂草危害。杂草与萝卜争水、争肥、争阳光,影响萝卜的正常生长和发育,阻碍产量和质量的提高。同时,杂草又

是病菌和害虫繁殖的场所。因此,及时除草才能保证萝卜的正常生长。人工除草费工费时,而且易伤害根部,造成萝卜畸形,影响外观品质。使用化学药剂除草,省时省力,效果好,只要合理使用,即可增产增收。

十字花科蔬菜对除草剂有中等抗性。其中,萝卜的抗性最强。因此,在萝卜上使用除草剂是安全的。

## 二、萝卜田常见杂草

萝卜田的主要杂草有:牛筋草、马唐、狗尾草、马齿苋、藜、蓼、荠菜、萹蓄等。藜(灰菜)、萹蓄是早春性杂草,多发生在春夏萝卜田里;牛筋草、马唐、狗尾草、马齿苋、蓼等是1年生杂草,多发生在夏秋萝卜和秋冬萝卜田里;荠菜是越冬性杂草,多发生在晚冬萝卜和冬春萝卜田里。所以,化学除草应根据不同季节萝卜田里的杂草种类和除草剂的除草范围,正确使用除草剂。春、夏、秋季,气温适宜,杂草生长快且旺盛,冬季杂草相对较少,但除草剂的用药剂量不变。

## 三、化学除草的方法

萝卜是直播蔬菜,除草剂的用法有播前处理和播后苗前处理两种。播前处理是在播种前,用除草剂喷雾处理土壤,并混土,然后播种;播后苗前处理是先播种,然后施药，由于萝卜播种后出苗较快，所以播后应立即喷药，最迟不能超过第二天。用药偏晚易产生药害，出苗后不宜用药。

下面重点介绍几种目前在萝卜上应用的除草剂。

**(一)播前除草剂**

1. 氟乐灵(氟特力、茄科宁、特福力)

(1)特点　氟乐灵属二硝基苯胺类低毒选择性芽前土壤处理剂，具有较强的触杀和内吸作用，除草范围广，效果好。药液可被杂草的幼芽和根吸收，出苗后的茎叶不能吸收。受害后的杂草变畸形，死于土中。

(2)剂型　48％乳油，橙红色液体，可与多种杀虫剂和液体肥料混合使用。

(3)防除对象　十字花科蔬菜田狗尾草、稗草、马唐、苋、藜、马齿苋、早熟禾、牛筋草、千金子、看麦娘等。

(4)使用方法　播前土壤处理。萝卜每667米$^2$用氟乐灵48％乳油100～150毫升加水30升，在播种前的1～3天喷雾处理土壤，喷药后立即混土，深度3～5厘米。该药在土壤中的残效期一般为3～6个月。

(5)注意事项　氟乐灵见光易挥发、分解，施用后要立即混土；氟乐灵对大草无效，不能在杂草生育期使用；吞服、吸入或皮肤接触，均对身体有害。如不慎接触药液，应立即用水冲洗，若无好转，应立即就医；本品应贮存

在4℃以上阴凉处，避免阳光直射。使用时摇匀。

2. 甲草胺(拉索、澳特拉索、草不绿)

(1)特点　是一种选择性芽前除草剂，主要通过杂草的芽鞘吸收，根部和种子也可有少量吸收。主要杀死出苗前土壤中萌发的杂草，对已出土杂草无效。能被土壤团粒吸附不易淋失，也不易挥发，但可被土壤微生物分解。有效期为35天左右。纯品为结晶，挥发性极小，在强酸或碱性条件下分解，对人、畜低毒。

(2)剂型　48%乳油。

(3)防除对象　防除稗草、莎草、狗尾草、马唐(热草)、苋、蟋蟀草、藜、蓼等杂草。

(4)使用方法　在播种前使用，每667米$^2$用48%乳油200毫升，对水40～50升，均匀喷雾土表，用耙浅混土后播种。

(5)注意事项　若施药后覆盖地膜，则用药量应适当减少1/3～1/2。

3. 乙草胺

(1)特点　乙草胺为选择性低毒芽前处理剂。杂草在出土前被杀死。

(2)剂型　50%乳油。

(3)防除对象　十字花科蔬菜田狗尾草、稗草、马唐、藜、小藜、马齿苋、菟丝子、牛筋草、看麦娘等。

(4)使用方法　播前土壤处理。每667米$^2$用50%乳油 100 毫升，加水 50 升喷雾。

(5)注意事项　该药对已出土杂草无效；干旱影响除草效果，施药后应浅混土；该药对眼睛、皮肤有刺激作用，使用时注意安全防护。

**(二)播后苗前除草剂**

1. 异丙甲草胺(都尔、杜尔、屠莠胺)

(1)特点　异丙甲草胺主要通过幼芽吸收，向上传导，抑制幼芽与根的生长。异丙甲草胺属低毒、广谱性播后苗前除草剂。纯品为无色液体，无臭味，可溶于大多数有机溶剂。

(2)剂型　5％、72％乳油。

(3)防除对象　异丙甲草胺可防除稗、马唐、狗尾草、画眉草等 1 年生杂草及马齿苋、苋、藜等阔叶性杂草。适用于马铃薯、十字花科、西瓜和茄科蔬菜等菜田除草。

(4)使用方法　于播种后至出苗前，每 667 米$^2$ 用 72％乳油 100 毫升，对水 50 升，喷雾处理土壤。

(5)注意事项　陆地蔬菜在干旱条件下施药，要马上浅混土；应贮存于阴凉、干燥、远离火源的地方；施药时注意安全保护。使用不当对十字花科蔬菜有轻微危害。

2. 二甲戊灵(施田补除草通、杀草通、除芽通)

(1)特点　二甲戊灵为二硝基甲苯胺类除草剂。纯品为橙黄色结晶，对酸、碱稳定。对人、畜低毒，对鱼类有

毒。制剂为橙黄色透明液体，常温条件下可贮存2年以上。

除草通主要是通过抑制植物茎与根部的分生组织而起杀死作用，不影响杂草的萌发。在有机质或黏土含量高时吸附力强，施用量应相对提高，在长期处于干燥土壤条件下施用，除草效果下降。药剂在土壤中残留的时间较长。

(2)剂型　33%乳油。

(3)防治对象　十字花科蔬菜田狗尾草、稗草、早熟禾、马唐、苋、藜、小藜、马齿苋、菟丝子、牛筋草、看麦娘等。

(4)使用方法　于播种后出苗前使用，每667米$^2$用33%乳油100～125毫升，加水30～35升土表喷雾，然后浇水。

(5)注意事项　二甲戊灵防除单子叶杂草比双子叶杂草效果好，双子叶杂草较多的地块可改用其他除草剂；施药时尽量避免种子直接与药剂接触；药剂可燃烧，运输、使用、贮藏过程中要远离火源，并注意防火。

### (三)出苗后茎叶处理剂

高效氟吡甲禾灵

(1)特点　属选择性低毒茎叶处理除草剂。施药后可很快被杂草叶片吸收，导致杂草死亡。喷洒落入土壤中的药剂易被根部吸收，也能起杀草作用。

(2)剂型　10.8%乳油。

(3)防除对象　可用于多种阔叶蔬菜田，防除牛筋草、马唐、看麦娘、稗草、千金子、狗尾草、狗牙根、白茅等一年生或多年生禾本科杂草。

(4)使用方法　每 667 米$^2$ 使用 10.8%乳油 20 毫升，加水 50 升，在萝卜种植后，禾本科杂草 3～5 叶期，茎叶喷雾。

(5)注意事项　该药对鱼类有毒，施药时避免污染鱼池、河流和湖泊；施药时注意安全保护，药剂应贮存于阴凉处。

# 第六章

# 萝卜的贮藏与加工

## 第一节　萝卜的贮藏

萝卜是根菜类,含有多种维生素和糖分,是重要的秋冬季贮藏蔬菜。在我国各地都有栽培,其供应量仅次于大白菜,特别是在北方地区,贮藏量大,贮藏期长,对调节冬季蔬菜供应有着重要作用。而我国南方气候温暖,萝卜可以露地越冬,随时可以供应新鲜产品,贮藏不是很普遍。只在长江沿岸及部分地区,有一些民间的贮藏方法,以供淡季需求和长途运输。

目前,萝卜贮藏保鲜的方法很多,可不论什么方式、方法,都要根据萝卜的贮藏原理及生物学特性和采收后的变化规律,创造适宜的贮藏条件。主要是保持适宜而相对稳定的温度、湿度和气体条件,在一定程度上降低其生理代谢作用和抑制微生物的活动。因此,应掌握各种贮藏方法的基本特点,结合自身的实际情况加以应用。

萝卜组织的特点是细胞之间的间隙大,因此具有极高的通气性，并能耐受较高浓度的二氧化碳，因而萝卜适宜于埋藏等简易贮藏。简易贮藏包括沟藏、窖藏、堆藏等基本形式，这些都是利用自然调温来维持萝卜所要求的贮藏温度。萝卜贮藏的适宜条件是：温度1℃～3℃、湿度90%～95%、氧气2%～3%、二氧化碳5%～6%。以上方法主要在北方地区应用得比较多，下面介绍几种南方的简易贮藏方法。

## 一、挖坑埋藏法

将新鲜的萝卜削顶去毛根，将虫咬、刀伤、裂口和小萝卜剔除，挖1长、宽、深各1米的土坑，萝卜根朝上，头朝下，斜靠坑壁，顺序码好。可码放4层，埋土封顶，上层厚薄根据气候定，冷天多填土，天暖少填土。萝卜可存至翌年3月上旬。

## 二、泥浆贮藏法

把萝卜削顶，放到黄泥浆中滚一圈，使萝卜结一层泥壳，堆放到阴凉的地方即可。如果在萝卜堆外再培一层湿土，效果更好。

## 三、水缸外贮藏法

在室内放一水缸，里面装满水，把萝卜堆放在缸的周

围,上面再培 15 厘米厚的湿土即可施混合液防萝卜糠心,萝卜糠心是一种由于营养物质供应不足而呈现出的饥饿衰老现象,特别是早播、生长快的大型萝卜更为严重。采用下述方法治疗:用 50～100 毫克/千克萘乙酸、0.5%蔗糖和 5 毫克/千克硼砂的混合液处理,效果很好。

### 四、塑料袋贮藏法

根据贮存萝卜的数量购置塑料袋,要求不透气,大小适中,以每袋装 5～10 千克为宜。把选好的萝卜放入塑料袋内扎紧袋口,最好扎完一道后卷回来再扎一道,然后放在室内如厨房一角即可。食用时,取出要用的萝卜后,仍将塑料袋口扎好。在贮存过程中注意不要碰坏塑料袋。

## 第二节　萝卜的加工

萝卜的加工腌制早在我国的宋朝就有记载,宋朝孟元老《东京梦华录》中记载有“姜辣萝卜、生腌木瓜”等腌藏蔬菜。明朝邝瑶《便民图纂》中记载有萝卜干的腌制方法,“切作骰子状,腌制一宿,晒干,用姜丝、橘丝、莳萝、茴香,拌匀煎滚”。由此可见,萝卜一直以来就是我国酱菜、泡菜、干制菜的主要原料之一,供加工腌制用的萝卜,其品质要求肉质厚皮薄脆嫩,质地紧密,水分中等,纤维少,不糠心，不软腐，无冻伤，无虫蚀。至于颜色、个体、形态则视加工需要而定。适宜加工腌制的萝卜品种有武青萝卜、黄州萝卜、扇子白、萝芥等。

## 一、萝卜干的加工技术与方法

将收下的萝卜削去叶部，带泥土堆于室内或室外，注意防冻，时间不得超过 10 天，防止糠心。

将萝卜洗干净，削去根须、糙皮、剔除黑斑，均匀切成长 10 厘米左右、宽 1.2 厘米、厚 1.5 厘米的条形状。

选四面透风、阳光充足的地方晾晒 3～5 天，至萝卜条柔软、扭曲不断时收回。100 千克晒至 35 千克左右。

腌制分三次进行。第一次，每 100 千克晒好的白条加食盐 3 千克，拌匀用手搓至食盐溶化，然后分层入缸踏实，腌制 3～5 天，出缸晾晒到原重的 60%左右时收回；第二次，按 100 千克的咸条加食盐 1.5 千克，拌匀分层入缸踏实，5～7 天出缸再晒至表面水分干即可；第三次，按表面水干的咸条，每 100 千克加食盐 2.5 千克、苯甲酸钠 50 克，拌匀踏实，1 周后入坛。

将萝卜干入坛，层层压实，坛坛装满，坛口撒上 25 克防腐盐粉，盖上粽叶，然后用 3∶7 的水泥封口。

## 二、镇江糖醋萝卜干

原料配方：萝卜干 100 千克，食盐 8～10 千克，5°以上

醋 300 千克，白糖 60 千克，糖精 600 克。

制作方法：选用根块肥大、肉质鲜嫩、外表美观、无病虫害的萝卜。将萝卜去根，洗净后晾晒，除去表面水分，切成两半。将切好的萝卜逐层装入缸内，均匀地撒上食盐。盐腌 2～3 天后开始倒缸，每日倒缸 2 次，把萝卜和液汁全部倒入另一缸中，使食盐加快溶化、萝卜腌均。倒缸后缸上仍盖竹篾盖，压上重石，盖好缸罩，过 2 天后取出。将取出的萝卜切成 1.5 厘米的薄片，便于浸泡析盐和吸收糖醋液。将切好的薄片放入清水浸泡 3～6 小时，目的是排出萝卜内的辣味和苦味，析出盐分利于吸收糖醋液。浸泡后进行压榨，压去一部分水分，剩余水分约 40%即可。把压榨后的萝卜片放到日光下暴晒 3 天，成为干萝卜干。将晒好的萝卜干放入缸内，然后将配制好的糖醋液徐徐倒入缸内。糖醋液的配制方法是先将醋煮开，再放入白糖、糖精，然后晾至 40℃左右。倒完糖醋液，用油纸扎好缸口，再涂上猪血和石灰调成的血料，过一段时间即可食用。

## 三、麻辣萝卜干

将萝卜洗净，先切成筷子厚的片，再切成筷子粗的不断刀条，挂到棉线上，在通风处晾晒 4～5 天。用温开水洗去灰尘，挤干水分后，抖散；加入食盐和少许白酒拌匀，

再拌上辣椒面、花椒面(如果怕麻味,就改用少量花椒粒)、芝麻(也可在取食时直接撒上)、少许香油和匀,装入土陶坛内(须装满,用手压实)。用保鲜膜(多用几层)和棉线封紧坛口,盖上坛盖;置阴凉处 10 多天后即可。真正讲究的做法须用倒罐:装罐压实后用竹条卡在罐口里(倒置时,菜才不会松动),封好罐口后倒置在一水盘中(避免空气进入)。现在人家很少有倒罐的,用泡菜坛也一样。

## 四、酱萝卜的加工技术与方法

将含水分少、组织致密而脆嫩的萝卜,削去头茎和尾部,剔除黑斑及须根。按 100 千克萝卜加入食盐 7 千克腌制在大缸中,经 12 小时翻缸 1 次,每天翻 2 次,2 天后取出晾晒,晒干至原重的 30%。再按 100 千克晒干后的萝卜加入食盐 5 千克,装坛扎紧密封。将上述萝卜干取出,放入缸内至八成满,用 75℃左右的开水浇在萝卜上面脱盐,热水用量是萝卜的 1.5 倍。热水浸泡时每 1 小时搅动 1 次,浸泡 12 小时可捞出沥干水分。将脱盐的萝卜按 100 千克用酱油浸泡 2 小时后,装入纱布袋,连袋一起放在酱油缸内,三五天后即成酱萝卜。

## 五、咖喱萝卜

原料配方:咸萝卜 100 千克,酱油 4 千克,白糖 1 千

克，咖喱粉200克，糖精50克，安息香酸钠20克。

制作方法：将咸萝卜切成条形或橘瓣形均可，然后用清水漂洗，去掉一些盐分。将漂洗过的萝卜，上榨压去30%的水分，然后放入缸内。将酱油、白糖、糖精、安息香酸钠混合均匀，然后倒入缸内泡制，当时要翻动1次；以后每天倒缸1次。第五天将咖喱粉撒在上面，并拌均匀，盖好缸口放置2天即可食用。

## 六、泡萝卜的加工技术与方法

泡萝卜非常适用于家庭，泡菜工具市场上到处都能买到，原料可直接入坛，但最好先适当晾晒一下，这样能使品质更佳。泡萝卜最好用井水或泉水等硬水来配制盐水，这样能保持萝卜的脆性。泡制萝卜的盐水含食盐量以6%～8%为宜，为了提高泡萝卜的品质，可在盐水中加入2.5%的白酒、2.5%的黄酒、2%的红糖及3%的干辣椒和少量的香料，如大茴香、桂皮、丁香等。将萝卜入坛至半时放入香料包，再装萝卜至坛口7厘米处止，用竹片等将原料卡住，然后注入配制好的泡菜水，务必使盐水将萝卜淹没。将坛口盖好，并在坛沿中注入清水，用水封口，置于阴凉处任其自然发酵。夏天泡制7天左右，冬天泡制20天左右即可。泡制萝卜过程中应注意以下几点：每次取菜时要防止槽水滴入坛内，否则影响泡菜品质；由于逐渐食用，坛内萝卜变少、空隙加大，这样坛内无氧状态被破坏，细菌活动增强，泡萝卜就会变质。预防办法是适当加入大蒜等；在泡制过程中，切忌带入油脂类物质，否则易使泡萝卜变质。

## 七、开胃泡萝卜

将萝卜刮去外皮，洗净后用开水烫一下，沥干水分，切成圆薄片。将350毫升凉开水与适量醋精对成浸泡液（酸度与现成的米醋相仿），加入食盐、糖，调制成适口即可，放入有盖的容器中。将切好的萝卜、辣椒干倒入浸泡液中，盖上盖放冷藏室，两天后即可食用，这样可以存放1周。

## 八、小白萝卜泡菜

将小白萝卜（带叶茎部分）及葱洗净，彻底沥干水后，用食盐水腌1～2天备用。将蒜末和辣椒酱搅拌均匀。将腌好的白萝卜洗去盐分后沥干，并加入蒜末和辣椒酱一起搅拌均匀，放在干净无水的容器中，再把调味料倒入即可。容器加盖密封，放在冰箱冷藏3～5天待其入味即可，可保存1～2周。

## 九、萝卜叶的加工技术与方法

### (一)碧绿萝卜叶

成品特色:碧绿,咸而不酸。刚腌制15天还呈鲜绿色,1个月后变成深绿色。配料比例为鲜萝卜叶10千克,盐1千克,花椒18克。

加工过程:将萝卜叶去除不可食部分,洗净沥干,平铺在干净、无水分缸(池)中。每放一层菜,撒上一层花椒盐(花椒和食盐混合在一起),直至将萝卜叶腌完后,表层再撒一层花椒盐,第二天翻倒1次,15天后即成。

### (二)咸萝卜叶干

成品特色:色黄,味香,鲜味浓。生食、炒食均可。配料比例为新鲜萝卜叶10千克,食盐500克。

加工过程:剔除萝卜叶中的烂叶和杂质,堆放2天。然后逐棵洗净,挂在绳子上晾干。取下削去老根,切成寸段,放在干净缸(池)中,加些食盐揉搓,一直揉至萝卜叶出水,装入坛中,装得越紧实越好。装至坛容积的45%左右停装,在坛口塞些干净、无水分的稻草,将坛口塞紧。然后将坛倒立于干净的盆中,放于阴凉处。盆中加些清水作水封,使坛中萝卜叶与外界空气隔绝,2个月后即成。每次食用取出部分后,仍要封好,倒立于盆中,千万不可让水进入坛中，以免污染，这样能保持6个月以上。如暂时吃不完，也可取出晒干贮存。

# 参考文献

[1] 张雪清,等．萝卜新品种周年丰产技术．天津:天津教育出版社,1992.

[2] 汪隆植,何启伟等．中国萝卜．北京:科学技术文献出版社,2005.

[3] 何启伟,等．十字花科优势育种．北京:中国农业出版社,1992.

[4] 周长久,等．萝卜高产栽培．北京:金盾出版社,2009.

[5] 杨曾实,等．十字花科蔬菜病虫害防治．昆明:云南人民出版社,2008.

[6] 朴淑珠,等．爽口泡菜55例．沈阳:辽宁民族出版社,2009.

[7] 高海生,等．蔬菜酱腌干制实用技术．北京:金盾出版社,2009.

豆类蔬菜园艺工培训教材(北方本) 10.00
蔬菜植保员培训教材(北方本) 10.00
蔬菜贮运工培训教材 10.00
果品贮运工培训教材 8.00
果树植保员培训教材(北方本) 9.00
果树育苗工培训教材 10.00
西瓜园艺工培训教材 9.00
茶厂制茶工培训教材 10.00
园林绿化工培训教材 10.00
园林育苗工培训教材 9.00
园林养护工培训教材 10.00
猪饲养员培训教材 9.00
奶牛饲养员培训教材 8.00
肉羊饲养员培训教材 9.00
羊防疫员培训教材 9.00
家兔饲养员培训教材 9.00
家兔防疫员培训教材 9.00
淡水鱼苗种培育工培训教材 9.00
池塘成鱼养殖工培训教材 9.00
家禽防疫员培训教材 7.00
家禽孵化工培训教材 8.00
蛋鸡饲养员培训教材 7.00
肉鸡饲养员培训教材 8.00
蛋鸭饲养员培训教材 7.00
肉鸭饲养员培训教材 8.00
养蜂工培训教材 9.00
小麦标准化生产技术 10.00
玉米标准化生产技术 10.00
大豆标准化生产技术 6.00
花生标准化生产技术 10.00
花椰菜标准化生产技术 8.00
萝卜标准化生产技术 7.00
黄瓜标准化生产技术 10.00
茄子标准化生产技术 9.50
番茄标准化生产技术 12.00
辣椒标准化生产技术 12.00
韭菜标准化生产技术 9.00
大蒜标准化生产技术 14.00
猕猴桃标准化生产技术 12.00
核桃标准化生产技术 12.00
香蕉标准化生产技术 9.00
甜瓜标准化生产技术 10.00
香菇标准化生产技术 10.00
金针菇标准化生产技术 7.00
滑菇标准化生产技术 6.00
平菇标准化生产技术 7.00
黑木耳标准化生产技术 9.00
绞股蓝标准化生产技术 7.00
天麻标准化生产技术 10.00
当归标准化生产技术 10.00
北五味子标准化生产技术 6.00
金银花标准化生产技术 10.00
小粒咖啡标准化生产技术 10.00
烤烟标准化生产技术 15.00
猪标准化生产技术 9.00
奶牛标准化生产技术 10.00
肉羊标准化生产技术 18.00
獭兔标准化生产技术 13.00
长毛兔标准化生产技术 15.00
肉兔标准化生产技术 11.00
蛋鸡标准化生产技术 9.00
肉鸡标准化生产技术 12.00
肉鸭标准化生产技术 16.00